María Alejandra Asensio Ruiz
María Encarnación Morales Hernández
Manuel Soria Soto

Influencia del catión calcio en la microencapsulación de probióticos

María Alejandra Asensio Ruiz
María Encarnación Morales Hernández
Manuel Soria Soto

Influencia del catión calcio en la microencapsulación de probióticos

Estudio de investigación

PUBLICIA

Cover image: www.ingimage.com

Publisher:
PUBLICIA
is a trademark of
Dodo Books Indian Ocean Ltd. and OmniScriptum S.R.L publishing group

120 High Road, East Finchley, London, N2 9ED, United Kingdom
Str. Armeneasca 28/1, office 1, Chisinau MD-2012, Republic of Moldova, Europe
Printed at: see last page
ISBN: 978-3-639-55612-4

INFLUENCIA DEL CATIÓN CALCIO EN LA MICROENCAPSULACIÓN DE PROBIÓTICOS MEDIANTE GELIFICACIÓN IÓNICA

ÍNDICE

1. INTRODUCCIÓN Y OBJETIVOS

1.1. INTRODUCCIÓN

La historia de los probióticos se remonta a tiempos muy antiguos cuando ni siquiera existía un término para designar ciertos alimentos que ejercían una función beneficiosa, casi curativa sobre el organismo. En la antigüedad ya se tenía conciencia de cómo, mientras algunos alimentos tenían efectos perjudiciales sobre la salud a corto o medio plazo otros, eran potencialmente beneficiosos incluso con una perspectiva temporal mucho mayor, (Hipócrates, siglo IV a.C.). Sin embargo, fue muchos siglos más tarde cuando se comenzó a denominar "prebióticos" a las sustancias que favorecían el desarrollo de la microbiota autóctona, y "probióticos" a aquellos microorganismos que, ingeridos con los alimentos, tenían efectos de prevención de algunas patologías o disminuían los daños que causaban algunas enfermedades.

Actualmente la FAO/ OMS (2001) define probióticos como "*microorganismos vivos que confieren efecto beneficioso para la salud del hospedador, cuando se administran en cantidad adecuada*". Hoy día, se consumen de manera habitual y preventiva, en leches, yogures y suplementos alimentarios, mejorando el proceso nutricional. Pero su verdadero alcance lo constituyen sus aplicaciones con fines terapéuticos específicos como el tratamiento de patologías del sistema digestivo, urogenital e inmune, incluso se están haciendo estudios para comprobar posibles efectos paliativos en el tratamiento del cáncer.

Las infecciones son otra área con gran potencial para los probióticos. Algunas infecciones que se pensaron fácilmente tratables con antibióticos, son ahora reconocidas como amenazas más graves para la salud. Hay estudios que demuestran que previenen la diarrea asociada a antibióticos, y son de gran importancia en la prevención y tratamiento de las vaginitis, debido a que disminuyen las recidivas y evitan la candidiasis a la que pueden dar lugar los antibióticos como efecto secundario.

Son muchos los beneficios en salud que pueden aportar los probióticos, pero son microorganismos muy sensibles, y para ejercer dichos efectos deben llegar en cantidad suficiente al lugar de acción, por ello el objetivo de este trabajo de investigación es microencapsularlos en el seno de una matriz polimérica con el fin de protegerlos de las condiciones ambientales y tecnológicas, garantizando así la mayor viabilidad posible de los mismos. Asimismo, esto abriría un amplio abanico de posibilidades en el ámbito farmacéutico ya que permitiría la inclusión de tales micropartículas en formas farmacéuticas seguras y eficaces en el tratamiento de dichas patologías.

1.2. OBJETIVOS Y PLAN DE TRABAJO

1.2.1. Objetivos

Si tenemos en cuenta que los probióticos son principalmente consumidos por vía oral, es lógico pensar que sus efectos beneficiosos se pondrán de manifiesto, fundamentalmente, en patologías intestinales. Sin embargo, la posibilidad de modular una respuesta inmune de tipo sistémica, hace que los probióticos también presenten efectos positivos en otras alteraciones extraintestinales, como alergias y vaginitis.

Sin embargo, el problema que se presenta a la hora de utilizar los probióticos en el tratamiento o prevención de cualquier patología es la falta de formas farmacéuticas capaces de garantizar su viabilidad durante el almacenamiento y administración. Esto se debe a que incorporar probióticos a cualquier formulación supone un reto en el ámbito de la Tecnología Farmacéutica, dada la escasa resistencia de estos microorganismos a los procesos tecnológicos y a diferentes condiciones ambientales como el pH, el oxígeno o la temperatura.

Por todo esto, nos planteamos la necesidad de que los microorganismos objeto de estudio sean protegidos por una barrera física que evite su exposición a las condiciones adversas del entorno. Para ello, recurrimos a las técnicas de microencapsulación, que consisten en el recubrimiento de pequeñas cantidades de un determinado compuesto mediante un material protector que es, generalmente, de naturaleza polimérica.

El **objetivo principal** del presente Trabajo es la microencapsulación de *Lactobacillus gasseri* CECT5714, mediante la técnica más apropiada, con la intención de proteger a los microorganismos de las condiciones ambientales y los procesos tecnológicos a fin de garantizar su viabilidad a lo largo del tiempo, durante su almacenaje y conservación.

En concreto, en este trabajo se pretenden alcanzar los siguientes objetivos:

- Seleccionar y desarrollar un método de microencapsulación adecuado a las bacterias probióticas con las que trabajamos.

  La selección del método de microencapsulación estará en función del tamaño medio de la partícula requerida, de las propiedades físicas del agente encapsulante, de la sustancia a encapsular, de las aplicaciones del material encapsulado propuesto, del mecanismo de liberación deseado y del coste.

- Proponer un polímero de recubrimiento que cumpla con los requisitos de compatibilidad con las bacterias, requerimientos de la tecnología utilizada, estabilidad en las condiciones aplicadas y grado de protección de los microorganismos.
- Caracterización de las micropartículas obtenidas con la intención de determinar su forma, tamaño y superficie, así como su estabilidad desde el punto de vista tecnológico.
- Comprobar la viabilidad de las bacterias microencapsuladas a lo largo del tiempo y bajo diferentes condiciones de conservación, con la intención de determinar las condiciones de almacenamiento más apropiadas.
- Dar un paso más en la investigación futura sobre el uso y desarrollo de nuevas formas de dosificación y nuevas indicaciones terapéuticas en el ámbito farmacéutico, lo que supone un objetivo social importante.

1.2.2. Metodología y plan de trabajo

A tenor de los objetivos fundamentales, el presente Trabajo de investigación se planificó del siguiente modo:

1. Realización de una exhaustiva búsqueda bibliográfica en lo que al tema propuesto se refiere, en base a lo cual se establecen las premisas teóricas recogidas en el capítulo II de nuestro trabajo.
2. Selección del polímero y del método de microencapsulación que mejor se adapte al propósito marcado como objetivo fundamental de nuestro trabajo de investigación. En concreto, hemos seleccionado un método de emulsificación-gelificación iónica interna con alginato sódico, basándonos igualmente en los datos positivos obtenidos por nuestro grupo de investigación, tras la microencapsulación mediante esta técnica con otras cepas de *Lactobacillus*.
3. Determinación de la viabilidad de las bacterias microencapsuladas con el objeto de comprobar el modo en el que el proceso tecnológico afecta a la supervivencia de las mismas.
4. Estudio de la influencia del catión calcio, tanto en la forma y tamaño de las micropartículas, como en la viabilidad de *L. gasseri*. Mediante microscopía óptica y microscopía electrónica de barrido (SEM) determinaremos el tamaño y la forma de las

micropartículas, así también podremos comprobar si los microorganismos se han encapsulado correctamente y la estabilidad de las micropartículas a largo plazo.

5. Evaluación de la estabilidad de las micropartículas y de su viabilidad a lo largo del tiempo, conservadas a 4° C.

1.2.3. Contribución del trabajo propuesto.

En la última década, se produce un incremento en el interés de bacterias probióticas que ayuden a prevenir y tratar enfermedades específicas y con ello surge la necesidad de desarrollar nuevas especialidades farmacéuticas y otros productos portadores de las mismas. Se ha visto la importancia de las especialidades farmacéuticas probióticas en indicaciones tales como tratamiento sintomático de diarreas inespecíficas, prevención y tratamiento de diarreas asociadas al uso de antibióticos, intolerancia a la lactosa, infecciones gastrointestinales causadas por bacterias enteropatógenas y virus, síndrome de intestino irritable, enfermedad inflamatoria intestinal, enterocolitis necrotizante, alergias, cáncer de colon, infecciones urogenitales, etc.

La **contribución** que se pretende con este trabajo de investigación es disfrutar de los efectos beneficios que aporta *L. gasseri* CECT5714 a la salud del ser humano, mediante un efecto tanto local, en el tratamiento o prevención de vaginitis, como sistémico, mediante formas farmacéuticas de administración oral; tras incorporar los microorganismos en micropartículas que garanticen su viabilidad a largo plazo y la resistencia a los procesos tecnológicos, permitiendo así su incorporación en diferentes formas farmacéuticas.

En consecuencia, creemos que la investigación desarrollada puede contribuir en los siguientes aspectos:

- Tecnología y diseño de micropartículas capaces de vehiculizar microorganismos, lo que supone avanzar en el estudio de nuevas formas farmacéuticas. Lo cual tendrá un gran impacto en la Industria Farmacéutica, favoreciendo la incorporación de una amplia gama de productos y con ello un mayor acceso a ellos por parte del consumidor.

- Conseguir incorporar *Lactobacillus gasseri* a nuevas formas farmacéuticas con los beneficios que esto supone sobre la salud del consumidor.

- La aceptación del paciente a la utilización de estas formas farmacéuticas, con lo que se conseguiría favorecer el cumplimiento terapéutico.

2. PARTE TEÓRICA

2.1. MICROENCAPSULACIÓN

El concepto de encapsulación se ha fundamentado en la utilización de una matriz polimérica, la cual forma un ambiente capaz de controlar su interacción con el exterior. En este sentido, las técnicas de microencapsulación han sido descritas como un proceso en donde pequeñas partículas o gotas son rodeadas por un recubrimiento homogéneo o heterogéneo integrado a las cápsulas con variadas aplicaciones (Borgogna y col., 2010).

Una definición general de encapsulación dada por Desay y Park (2005) se refirió al empaquetado de materiales sólidos, líquidos o gaseosos mediante cápsulas que liberan su contenido de forma controlada bajo condiciones determinadas. Estas especificaciones han llevado a describir la microencapsulación como, la técnica de obtención de una barrera que retarda las reacciones químicas con el medio que lo rodea promoviendo un aumento en la vida útil del producto, la liberación gradual del compuesto encapsulado e incluso facilitando su manipulación al convertir un material líquido o gaseoso en una forma sólida llamada microcápsula (Fang y Bhandari, 2010).

Una microcápsula consiste en una membrana esférica, semipermeable, delgada y fuerte que rodea un núcleo sólido o líquido, con un diámetro que varía de unos pocos micrómetros a 1000 μm. El núcleo que compone la microcápsula es también denominado fase interna o principio activo, así como a la membrana se la puede denominar capa externa o matriz. Sin embargo, el producto del proceso de microencapsulación puede ser definido como una micropartícula, una microcápsula o una microesfera dependiendo de cuál sea su morfología y estructura interna (Anal y Singh, 2007; Saez y col., 2007).

Las microcápsulas se han diferenciado de las microesferas principalmente por la distribución del principio activo. En el primer caso, el núcleo puede ser de naturaleza líquida o sólida incluido en una especie de reservorio recubierto por una película de material. Mientras que, en las microesferas, el principio activo se encuentra altamente disperso en forma de partículas o moléculas en una matriz. La obtención de un tipo u otro de estructura depende de las propiedades físico-químicas del principio activo y de la matriz, así como de la técnica empleada para su preparación (Lopretti y col., 2007).

Las micropartículas pueden tener forma esférica o irregular. Asimismo pueden estar constituidas por una membrana simple, múltiples capas e incluso núcleos múltiples (figura 1) cuya matriz puede ser del mismo material o una combinación de varios (Gibbs y col., 1999).

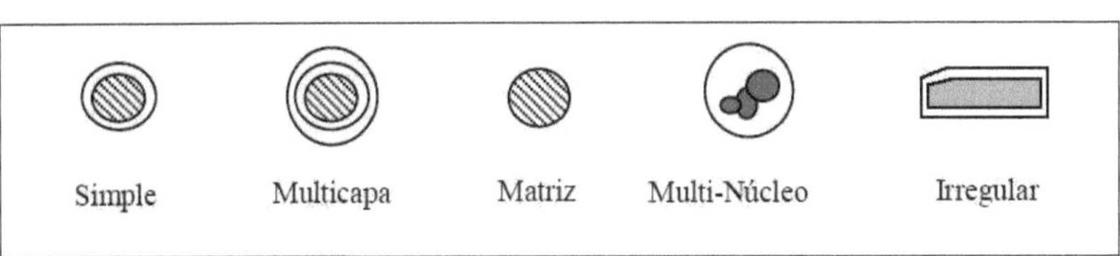

Figura 1. Tipos de micropartículas.

2.1.1. Aplicaciones de la microencapsulación

Centrando nuestra atención únicamente en las aplicaciones destinadas al ámbito farmacéutico, es importante destacar que las micropartículas o microesferas pueden constituir por sí mismas una forma farmacéutica o bien ser acondicionadas en una forma farmacéutica secundaria. De este modo, las micropartículas pueden administrarse bajo la forma de suspensión o incluidas en una cápsula o un comprimido. Obviamente, la forma farmacéutica final estará condicionada por la vía de administración del producto microencapsulado. En este sentido, es importante resaltar que la mayoría de las microcápsulas presentes actualmente en el mercado están destinadas a su administración por vía oral; no obstante existe un número limitado, pero previsiblemente creciente, de microcápsulas administrables por vía parenteral (intramuscular o subcutánea).

En el campo farmacéutico la microencapsulación ha dado lugar a extraordinarios beneficios tanto en el plano tecnológico como en el confort del paciente y, por consiguiente, con el cumplimiento de los tratamientos. Desde el punto de vista **tecnológico**, la microencapsulación ha reportado los beneficios siguientes:

- Estabilización de moléculas activas inestables. Es el caso de diversas vitaminas y de los probióticos para los que la microencapsulación ha reducido notablemente su sensibilidad a la humedad y el oxígeno.

- Conversión de ingredientes activos líquidos en formas sólidas más fácilmente manipulables y almacenables. Además, en algunos casos, los líquidos son volátiles, y su evaporación se evita tras su encapsulación en un material sólido.

- Inclusión de principios activos incompatibles en la misma forma farmacéutica. En este sentido, se sabe que el ácido acetilsalicílico se hidroliza cuando se comprime conjuntamente con el maleato de clorfeniramina; sin embargo, ambos productos son perfectamente estables cuando se microencapsulan de modo independiente, antes de la compresión.

Tabla 1. Características de algunos sistemas microencapsulados.

PRINCIPIO ACTIVO	FINALIDAD MICROENCAPSULACIÓN	PRESENTACIÓN
Paracetamol	Enmascaramiento de sabor	Comprimido
Ácido acetilsalicílico	Enmascaramiento de sabor Reducción de irritación gástrica Liberación controlada	
Bromocriptina	Liberación controlada	Suspensión inyectable
Leuprorelina	Liberación controlada	Suspensión inyectable
Nitroglicerina	Liberación controlada	Cápsula
Progesterona	Liberación controlada	Varios
Probióticos	Protección	Varios

Desde una óptica **biofarmacéutica**, los beneficios de la microencapsulación en la formulación de medicamentos podrían resumirse en los siguientes:

- Reducción del efecto directo irritante causado por algunos fármacos en la mucosa gástrica. El ejemplo más ilustrativo lo representan, de modo general, los medicamentos de carácter ácido, de los cuales un caso singular es la aspirina. El recubrimiento de estos medicamentos con un material no soluble a pH gástrico ha permitido reducir sensiblemente la irritación gástrica causada por los mismos.

- Enmascaramiento del olor y del sabor. El recubrimiento de un medicamento de características organolépticas indeseables con un material que hace imperceptibles dichas características aporta, sin lugar a dudas, importantes ventajas desde el punto de vista de la aceptabilidad por parte del paciente. Este recubrimiento puede llevarse a cabo para formas farmacéuticas sólidas como son los comprimidos; sin embargo, en el caso de formulaciones pediátricas, es más deseable disponer de formas líquidas constituidas por una suspensión de micropartículas, para lo cual se ha de recurrir a la microencapsulación.

- Conseguir una liberación sostenida o controlada del principio activo a partir de la forma farmacéutica. Esta es, en la actualidad, la aplicación más frecuente de la microencapsulación. Gracias al recubrimiento eficaz del medicamento con un material adecuado, es posible conseguir, no únicamente una cesión gradual y sostenida del mismo, sino también que la liberación se produzca a modo de pulsos o a un determinado pH. A pesar de que la cesión sostenida de principios activos administrados por vía oral se consigue igualmente a partir de formas sólidas tipo comprimido o cápsula, lo cierto es que las formas microparticulares permiten lograr una distribución más homogénea del principio activo en el tracto gastrointestinal, siendo, además, su tiempo de tránsito intestinal mucho menos influenciable por la alimentación.

2.1.2. Materiales utilizados en la microencapsulación

La variedad de materiales que pueden emplearse en microencapsulación se va ampliando gradualmente en la medida que surgen nuevos biomateriales y se perfilan nuevas aplicaciones de la microencapsulación. De este modo, hace tan sólo diez años las micropartículas se administraban únicamente por vía oral; sin embargo, en la actualidad existen diversas formulaciones en el mercado destinadas a su administración por vía parenteral. De un modo general, los materiales capaces de constituirse en micropartículas se clasifican en tres categorías: grasas, proteínas y polímeros.

A) __GRASAS:__

La cera de carnauba, el alcohol estearílico, el ácido esteárico y los gelucires® son grasas que funden a una determinada temperatura y son erosionables por acción de las lipasas que existen a nivel gástrico.

B) PROTEÍNAS:

La gelatina fue el primer material utilizado en microencapsulación y sigue siendo en la actualidad, un material con un importante potencial. La albúmina es otro ejemplo de proteína que se aplica en microencapsulación.

C) POLÍMEROS:

Debido a su gran versatilidad, ésta es la familia de materiales más utilizada en microencapsulación. Dentro de esta gran familia podemos distinguir entre polímeros naturales, semisintéticos y sintéticos. Los polímeros naturales son principalmente de naturaleza polisacarídica, de origen animal o vegetal; destacan el alginato, el dextrano, la goma arábiga (goma acacia) y el quitosano. Los hidrocoloides han sido empleados como matriz debido a su capacidad para absorber agua, fácil manipulación e inocuidad. El alginato es un hidrocoloide que posee estas características como propiedades gelificantes, estabilizantes y espesantes.

Los polímeros semisintéticos engloban los derivados celulósicos, de los cuales existe una amplia variedad en el mercado con diferentes características de solubilidad; la etilcelulosa y el acetibutirato de celulosa, por ejemplo, son polímeros insolubles, mientras que el acetoftalato de celulosa presenta una solubilidad dependiente del pH.

Los polímeros más destacables son los derivados acrílicos y los poliésteres. Dentro de los derivados acrílicos existen polímeros insolubles con diferente grado de permeabilidad y también variedades con solubilidad dependiente del pH, ofreciendo de este modo amplias posibilidades para controlar la liberación del material encapsulado. Por último, los poliésteres son polímeros de carácter biodegradable, lo que permite su administración por una vía parenteral. Dentro de ellos los más conocidos son la poliepsiloncaprolactona, el poli (ácido láctico), y los copolímeros del ácido láctico y el ácido glicólico son hidrofílicos y fácilmente eliminables del organismo por filtración glomerular. Esto es una cualidad a destacar ya que la velocidad de liberación del principio activo encapsulado puede controlarse en virtud de la selección del polímero que presente una adecuada velocidad de segregación.

2.1.3. Métodos de microencapsulación

Existen diversos métodos para la producción de micropartículas. En general, estos métodos se pueden dividir en tres grupos:

• Procesos físicos: secado por aspersión.

• Procesos químicos: polimerización interfacial e inclusión molecular.

• Procesos fisicoquímicos: coacervación, liposomas y gelificación iónica.

A) Secado por aspersión:

Es la transformación de un fluido en material sólido, atomizándolo en forma de gotas minúsculas en un medio de secado en caliente. La distribución del tamaño de las partículas obtenidas por este método es, en general, menor a 100 µm. Se distinguen los siguientes pasos:

1. La preparación de la emulsión o suspensión del material a encapsular en una solución encapsuladora.

2. La atomización y la deshidratación de las partículas atomizadas.

Una de las grandes ventajas de este proceso, además de su simplicidad, es que es apropiado para materiales sensibles al calor, ya que el tiempo de exposición a temperaturas elevadas es muy corto.

B) Polimerización interfacial:

En este proceso se produce la polimerización de un monómero en la interfase de dos sustancias inmiscibles, formando una membrana, que dará lugar a la pared de las micropartículas. Este proceso tiene lugar en tres pasos:

1. Dispersión de una solución acuosa de una sustancia soluble en agua, en una fase orgánica para producir una emulsión agua en aceite.

2. Formación de una membrana polimérica en la superficie de las gotas de agua, iniciada por la adición de un complejo soluble en la fase orgánica u oleosa a la emulsión anterior.

3. Separación de las micropartículas de la fase orgánica y su transferencia en agua para dar una suspensión acuosa. La separación de las micropartículas se puede llevar a cabo por centrifugación.

C) Incompatibilidad polimérica:

En este método se utiliza el fenómeno de separación de fases, en una mezcla de dos polímeros químicamente diferentes e incompatibles en un mismo solvente. El material a encapsular interaccionará solo con uno de los dos polímeros, el cual se adsorbe en la superficie del material a encapsular formando una película que los engloba. De manera general, este proceso se lleva a cabo en solventes orgánicos y cuando el material a encapsular es sólido.

D) Coacervación:

Es un método fisicoquímico que se basa en la separación de fases, consiste en tres pasos:

1. Formación de un sistema de tres fases químicamente inmiscibles (una fase líquida o fase continua, un material a recubrir y un material de cobertura o de pared).

2. Deposición del material polimérico líquido que formará la cubierta sobre el material a cubrir.

3. Solidificación de la cubierta.

Con esta técnica, se pueden obtener micropartículas esféricas muy pequeñas, de hasta de 4 μm y con una carga de material a encapsular de alrededor del 90%. Además, proporcionan una buena protección contra las pérdidas por volatización y contra la oxidación.

F) Liposomas:

Los liposomas son partículas microscópicas hechas de lípidos y agua principalmente ya que son estructuras compuestas de una bicapa de lípidos que engloban un volumen acuoso. Se elaboran con moléculas anfifílicas que poseen sitios hidrofóbicos, por ejemplo, fosfolípidos como la lecitina. En la fase acuosa, se coloca el material que se va a encapsular cuando es hidrofílico o bien se agrega en el solvente orgánico donde se disuelven los fosfolípidos, si es lipofílico.

G) Gelificación iónica.

La formación de las cubiertas de las micropartículas tiene lugar por una reacción de gelificación iónica entre un polisacárido y un ión de carga opuesta. El método consiste en suspender el principio activo en una disolución acuosa del polisacárido susceptible de gelificación, como el alginato sódico. Dicha suspensión se hace gotear sobre una disolución acuosa del ión de carga opuesta en agitación.

De acuerdo con los objetivos marcados en un principio y con la intención de obtener micropartículas capaces de vehiculizar bacterias probióticas y mantener su viabilidad a lo largo del tiempo, este fue el método de microencapsulación seleccionado por considerar que se ajusta mejor a las necesidades del trabajo propuesto. Asimismo, el polímero polisacarídico seleccionado para llevarla a cabo es el alginato sódico, ampliamente utilizado tanto por la industria alimentaria como farmacéutica. Este polisacárido es capaz de gelificar en presentica de calcio.

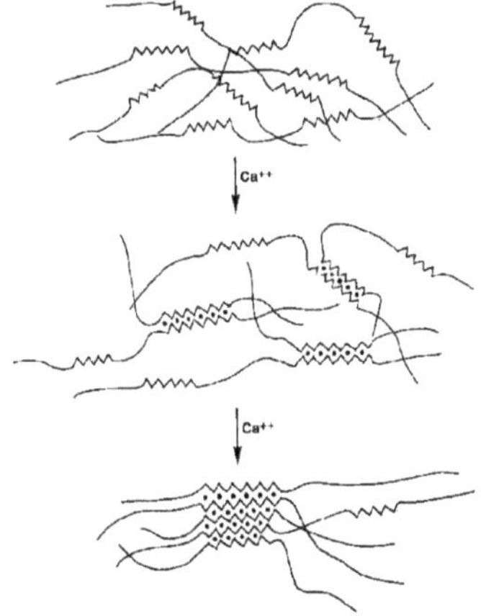

Figura 2. Formación del gel de alginato cálcico.

2.1.4. Estudio de la gelificación iónica

El proceso de formación del gel se inicia a partir de una solución de alginato y una fuente de calcio externa o interna desde donde el ión calcio difunde hasta alcanzar la cadena polimérica, como consecuencia de esta unión se produce un reordenamiento estructural en el espacio resultando en un material sólido con las características de un gel. El grado de gelificación depende de la hidratación del alginato, la concentración del ión calcio y el contenido de los G-bloques (Funami y col., 2009), puesto que la transición sol-gel se ha visto esencialmente controlada por la habilidad de introducir un ión vinculante al alginato.

Los mecanismos de gelificación iónica se han llevado a cabo fundamentalmente mediante dos procesos que difieren en el modo de introducir el ión vinculante: gelificación externa y gelificación interna.

1. Gelificación iónica externa:

El proceso de gelificación externa ocurre con la difusión del ión calcio desde una fuente que rodea a la dispersión acuosa de alginato (también denominada hidrocoloide) hacia la solución de alginato a pH neutro. La formación del gel se inicia en la interfase y avanza hacia el interior a medida que la superficie se encuentra saturada de iones calcio, de manera que el ión sodio proveniente de la sal de alginato es desplazado por el catión divalente solubilizado en agua. Este interacciona con los G-bloques de diferentes moléculas poliméricas, enlazándolas entre sí. La fuente de calcio más usada ha sido el $CaCl_2$, debido a su mayor porcentaje de calcio disponible (Helgerud y col., 2010).

2. Gelificación iónica interna:

El proceso de gelificación interna consiste en la liberación controlada del ión calcio desde una fuente interna de sal de calcio insoluble o parcialmente soluble dispersa en la solución de alginato de sodio. Donde la liberación del ión calcio puede ocurrir de dos formas, si se tiene una sal de calcio insoluble a pH neutro pero soluble a pH ácido, por lo que es necesario adicionar un ácido orgánico que al difundirse hasta la sal permita la acidificación del medio consiguiendo solubilizar los iones calcio. En este caso, las sales de calcio más empleadas son el carbonato de calcio y el fosfato tricálcico. Para la acidificación del medio se cuenta con ácidos orgánicos como el acético, el adípico y el gluconodelta-lactona. Si la sal es parcialmente soluble, el proceso de gelificación interna consiste en la adición a la mezcla alginato-sal de calcio, un agente secuestrante como el fosfato, sulfato o citrato de sodio. Al adicionar un secuestrante, este se enlaza en el calcio libre retardando así el proceso de gelificación, el sulfato de sodio ha sido comúnmente el más empleado debido a su bajo costo y conveniente solubilidad.

Los mecanismos de gelificación iónica son descritos en la Fig. 3 (Helgerud y col., 2010). La principal diferencia entre el mecanismo de gelificación externa e interna es la cinética del proceso. Si lo que se pretende es el control de la transición sol-gel, en el proceso de gelificación externa los factores a manipular son la concentración de calcio y composición del polímero. Mientras que, para el proceso de gelificación interna se deben considerar la solubilidad y concentración de la sal de calcio, concentración del agente secuestrante y del ácido orgánico empleado (Draget, 2000).

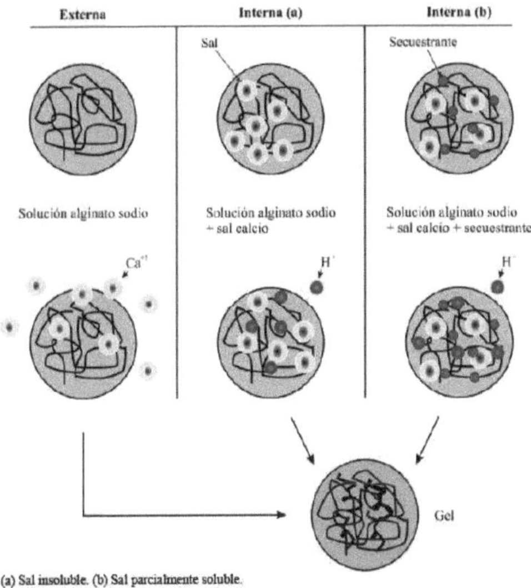

Figura 3. Mecanismos de gelificación iónica.

3. Técnicas de microencapsulación adaptadas a la gelificación iónica.

En consecuencia, la obtención de micropartículas puede realizarse bien por gelificación interna o externa. Asimismo, y en función del proceso de gelificación seleccionado, se puede llevar a cabo la microencapsulación por gelificación iónica mediante la utilización de diferentes técnicas que se detallan a continuación. Todos los métodos descritos permiten la microencapsulación de pequeñas moléculas como enzimas, hasta células y microorganismos.

La selección de la técnica de encapsulación adecuada se ve determinada por las propiedades físico-químicas del material soporte y la aplicación final deseada con el objeto de asegurar la biodisponibilidad de los compuestos y su funcionalidad. Al emplear el alginato como matriz polimérica, las técnicas de microencapsulación se reducen a: extrusión, emulsión y secado por atomización.

A) ***Encapsulación por extrusión:***

La técnica consiste en la formación de gotas de la solución de alginato que contiene el componente a encapsular al hacer pasar dicha solución por un dispositivo extrusor de tamaño y velocidad de goteo controlado. Estas gotas caen sobre un baño que contiene la fuente del ión divalente, quien induce la gelificación externa (Chan y col., 2009). La principal limitación presentada por esta técnica ha sido el gran tamaño de micropartículas, lo cual depende del diámetro de la boquilla del dispositivo extrusor.

B) ***Encapsulación por emulsión:***

La técnica de encapsulación en emulsión se ha definido como el proceso de dispersión de un líquido en otro líquido inmiscible donde la fase dispersa consta de la matriz que incluye el componente a encapsular.
La adición de un tensioactivo mejora la formación y estabilidad de la emulsión, así como la distribución de tamaño de las gotas (Poncelet, 2001; de Vos y col., 2010). En este sentido, la preparación de microcápsulas o microesferas por emulsificación puede llevarse a cabo empleando el mecanismo de gelificación externa o interna.

En el primer caso, la gelificación externa en emulsión consta de la dispersión de una mezcla de solución alginato-componente a encapsular en una fase continua no acuosa, seguido de la adición de una fuente de calcio que al difundirse a la fase dispersa inicie la gelificación permitiendo la encapsulación, y a su vez la desestabilización de la emulsión para la separación de las micropartículas formadas. Mientras que, la técnica de emulsión y gelificación interna se fundamenta en la liberación del ión calcio desde un complejo insoluble o parcialmente soluble en cuyo caso se adiciona un agente secuestrante, contenido en una solución de alginato-componente el cual es dispersado en una fase continua no acuosa generando una emulsión agua en aceite (A/O) (Gouin, 2004; Chan y col., 2006).

La liberación del ión calcio ocurre con la adición de un ácido orgánico soluble en la fase continua que al difundirse disminuye el pH del medio solubilizando la sal y produciendo la gelificación.

C) ***Encapsulación mediante secado por atomización:***

El procedimiento consiste en la preparación de una emulsión o suspensión que contenga al compuesto a encapsular y el material polimérico, el cual es pulverizado sobre un gas caliente que generalmente es aire promoviendo así la evaporación instantánea del agua, permitiendo que el principio activo presente quede atrapado dentro de una película de material encapsulante. Las micropartículas en polvo obtenidas son separadas del gas a bajas temperaturas. Una de las grandes ventajas de este proceso es, además de su simplicidad, que es apropiado para materiales sensibles a altas temperaturas debido a que los tiempos de exposición son muy cortos (5 a 30 s) (Martín Villena y col., 2009; de Vos y col., 2010; López Hernández, 2010).

2.2. PROBIÓTICOS

2.2.1 Probióticos y salud

El término PROBIÓTICO proviene del griego (pro= a favor de; biótico= vida), y ha ido variando con el tiempo. Fue utilizado por primera vez por Lily y Stillwell en el año 1965, refiriéndose a *"sustancias secretadas por un microorganismo que estimula el crecimiento de otro"*.

La definición más reciente de probiótico viene dada por la FAO/OMS, en 2001, como *''microorganismos vivos que, administrados en cantidades adecuadas, ejercen un efecto beneficioso sobre la salud del huésped''*. Ambas organizaciones han publicado conjuntamente directrices para la evaluación de los probióticos en las que se especifican los estándares que deben cumplir estos productos para disponer de la calidad y la fiabilidad adecuadas que permita su prescripción y/o recomendación.

De acuerdo con este concepto, las cepas deben mantener la viabilidad desde su producción hasta su consumo. Además es deseable que las cepas mantengan su viabilidad durante el tránsito a través del tracto gastrointestinal, para lo que se requiere que sean resistentes al pH gástrico, y la presencia de sales biliares en el duodeno. Habitualmente, son cepas de lactobacilos o de bifidobacterias, aunque también se han utilizado levaduras como *Saccharomyces* y algunas especies de *Escherichia coli* y *Bacillus*. Las principales propiedades de los probióticos son las siguientes:

1. Son bacterias de origen humano.
2. Sobreviven a su paso a través del intestino.
3. Resisten las secreciones del estómago, el ácido clorhídrico y los ácidos biliares hepáticos.
4. Producen una sustancia denominada adhesina, que les ayuda a adherirse a las células intestinales humanas y colabora con el epitelio para prevenir la invasión por parte de patógenos.
5. Tienen la capacidad de colonizar el tracto intestinal humano, en particular, dentro de la capa mucosa.
6. Producen sustancias antimicrobianas y antagonizan la flora carcinogénica y patogénica.
7. Su uso es seguro en cantidades elevadas.

El primer estudio que demostraba los efectos beneficiosos de los microorganismos que fermentaban los alimentos fue llevado a cabo por el microbiólogo ucraniano y Premio Nobel en medicina Ilya Metchnikoff en 1908, quien señaló que estos microorganismos o sustancias producidas en alimentos fermentados como el yogur podían influir en el balance de la microbiota intestinal, y en parte eran los responsables de la conocida longevidad de los habitantes de Bulgaria. Desde entonces y hasta día de hoy ha crecido el interés por estos alimentos que contienen microorganismos beneficiosos para la salud y más concretamente por los productos lácteos fermentados (Felley y col., 2001).

En la actualidad, ha quedado demostrado que los probióticos mejoran el estado inmunológico. Su crecimiento aumenta claramente la producción de inmunoglobulina A (IgA) y pueden emplearse para ayudar a tratar y proteger de la diarrea infecciosa infantil. También se ha comunicado su utilidad en el tratamiento de la atopia y de la alergia a la leche de vaca. En este sentido, se han empleado para prevenir y tratar la colitis por *Clostridium difficile*, que se produce después del tratamiento con antibióticos en un porcentaje significativo de pacientes hospitalizados. *Lactobacillus GG* y *Saccharomyces* se han utilizado con este fin. Se han prevenido y tratado con éxito las infecciones genitourinarias administrando yogures y *Lactobacillus acidophilus*. Los resultados han sido contradictorios, si bien algunos estudios demuestran resultados excelentes con el uso por vía vaginal y oral.

El tracto gastrointestinal es una unidad ecológica, en la cual influye significativamente el uso de probióticos y los alimentos. La microbiota de cada persona se determina inicialmente en el nacimiento, en especial por la forma del parto. El intestino del recién nacido es estéril; cuando el bebé nace por vía vaginal, su tracto gastrointestinal se siembra con los microorganismos de la vagina materna, mientras que el tracto gastrointestinal de los bebés nacidos por cesárea está ampliamente colonizado por los microorganismos del entorno. Los siguientes factores en el período neonatal también influyen en la composición de la microbiota final en un niño:

- Lactancia materna frente a lactancia por biberón (el intestino de bebés con lactancia materna presenta una concentración más elevada de Bifidobacteria y menos agentes potencialmente patógenos).
- Parto a término frente a parto prematuro.
- Administración de antibióticos.
- Entorno (nivel de higiene).
- Estatus socioeconómico.
- Factores geográficos.

Una vez establecida la flora intestinal, ésta es relativamente constante y muy difícil de alterar a largo plazo pero la alteración de la microbiota bacteriana puede desencadenar alguna patología. El empleo de prebióticos y de probióticos puede corregir ese proceso patológico en los pacientes afectados. Para ello, se han usado numerosos microorganismos como probióticos individuales o combinados con otros, a veces en un número elevado y se han administrado como polvos, en cápsulas o en yogures.

En este sentido, el requisito de viabilidad en las condiciones adversas que suponen los tratamientos tecnológicos que conlleva su formulación y el tránsito gastrointestinal ha limitado la aplicación comercial, especialmente de cepas de origen intestinal y, en particular del género *Bifidobacterium*. Asimismo, ha estimulado la evaluación de la efectividad de bacterias no viables o de sus constituyentes. En este sentido, los efectos beneficiosos atribuidos a las bacterias no viables en algunas publicaciones científicas (Lammers KM y col., 2003), derivados, por ejemplo, de las propiedades immunomoduladoras de sus metabolitos o constituyentes celulares (ADN, componentes de la pared celular, etc.), escapan a este concepto de probiótico, por lo que algunos científicos plantean la posibilidad de revisarlo. La mayoría de estudios comparativos demuestran diferencias cualitativas y cuantitativas entre los efectos de cultivos viables e inactivados.

En algunos ensayos clínicos las preparaciones inactivadas de bacterias probióticas no han demostrado tener efectos beneficiosos, como es el caso de una cepa de *Lactobacillus acidophilus* evaluada recientemente para prevenir la diarrea (European Commission in Concerted Action on Functional Foods Science in Europe., 1999). Sin embargo, al menos dos estudios indican que la administración de algunas fórmulas infantiles fermentadas pero que no contienen bacterias viables puede reducir la incidencia y la gravedad de la diarrea infecciosa (Agostini y col., 2007).

La variabilidad de resultados puede deberse tanto a las diferencias en las dosis de compuestos bioactivos administradas en forma viable y no viable como a las alteraciones estructurales derivadas del método empleado para la inactivación de las bacterias.

Actualmente, se acepta que las bacterias probióticas pueden ser un vehículo de componentes estructurales y metabólicos bioactivos que, por sí mismos, pueden aportar un valor añadido a los alimentos que actualmente no constituyen un vehículo idóneo de bacterias viables; no obstante, su aplicación requerirá evaluaciones individualizadas tanto de su eficacia como seguridad.

Eficacia.

Para que los probióticos sean eficaces es importante determinar la dosis efectiva, la cuál varía según la cepa, también hay que tener en cuenta la viabilidad del microorganismo en el lugar de acción, tras su paso por el organismo y las manipulaciones tecnológicas.

El desarrollo de métodos más eficaces para evaluar la funcionalidad y la seguridad de los probióticos *in vitro* e *in vivo* es una de las recomendaciones del comité de expertos de la FAO/OMS y una necesidad derivada de la nueva regulación. Actualmente, los ensayos realizados *in vitro* no han sido del todo adecuados para predecir la funcionalidad de los probióticos *in vivo*. Asimismo, se desconoce la relevancia que tienen algunas de las propiedades evaluadas *in vitro*, como la resistencia a condiciones gastrointestinales y la capacidad de adhesión, sobre el desarrollo de los efectos beneficiosos *in vivo*. El uso de modelos de experimentación animal resulta muy útil para evaluar *in vivo* la seguridad y los efectos de la administración de altas dosis, antes de desarrollar ensayos clínicos en humanos.

Los efectos beneficiosos deben ser confirmados con posterioridad mediante estudios clínicos en humanos al menos de fase 2 (eficacia). Dichos ensayos deben tener un adecuado diseño experimental, ser aleatorizados, controlados con placebo y, siempre que sea posible, a doble ciego; además, deben realizarse al menos en dos centros independientes.

Seguridad.

Los principales probióticos utilizados para consumo humano son bacterias lácticas empleadas tradicionalmente en fermentaciones alimentarias o aislados intestinales, pertenecientes a los géneros *Bifidobacterium* y *Lactobacillus*. Las evaluaciones realizadas por expertos en este sentido demuestran que el potencial patogénico de los lactobacilos, y especialmente de las bifidobacterias, es muy bajo. En un número reducido de casos los lactobacilos se han asociado a infecciones en humanos (sobre todo endocarditis) y su potencial como patógenos oportunistas se reduce a individuos inmunodeprimidos o con problemas de salud. Su administración a la población infantil en general se considera segura, salvo en niños inmunodeprimidos o en los portadores de un catéter venoso central. Sin embargo, no se puede generalizar del mismo modo al hablar de la seguridad de las cepas del género *Enterococcus*.

Se considera necesaria la evaluación de la seguridad y la tolerancia de la administración de altas dosis de probióticos a largo plazo, y los efectos derivados de su capacidad inmunomoduladora, especialmente en neonatos y niños.

Los expertos de la FAO/OMS han propuesto la evaluación de:

a) La resistencia a anbibióticos, verificando la ausencia de genes de resistencia transferibles.
b) Actividades metabólicas perjudiciales (p. ej., producción de ácido D-láctico que puede producir cambios neurológicos).
c) Determinación de la producción de toxinas y capacidad hemolítica, si la cepa pertenece a una especie potencialmente productora.
d) Ausencia de infectividad en animales inmunodeprimidos.
e) Estudios de vigilancia sobre los posibles efectos adversos de un consumo continuado.

2.2.2. Modo de actuación de los probióticos

Los mecanismos de acción de los probióticos están principalmente documentados a través de los estudios *in vitro* o en modelos animales, con las limitaciones de extrapolar estos resultados al hombre.

El modo de acción de los probióticos, en primer lugar, puede estar relacionado con la modulación de la microbiota del huésped. Uno de los primeros modos de acción es el efecto "barrera", también llamada resistencia a la colonización, ejercida contra las bacterias patógenas que impiden o limitan su colonización. La inhibición bacteriana puede ser debido a la producción de bacteriocinas de inhibición de amplio espectro, por metabolitos tales como ácidos grasos de cadena corta, ácido láctico, peróxido de hidrógeno (H_2O_2) que inducen una disminución del pH creando un ambiente poco favorable para el crecimiento de patógenos, o de biosurfactantes con actividad antimicrobiana. Este efecto de barrera también puede actuar a través de diversos mecanismos: de competencia por los sitios de unión y de inhibición por adherencia.

El segundo modo de acción se refiere a la mejora de la función barrera de la mucosa intestinal. Esta función barrera está relacionada con la calidad de las estrechas uniones entre las células epiteliales del intestino. Otros elementos también participan en esta función barrera tales como las células de Paneth, mediante la producción de péptidos antimicrobianos (defensinas, lisozima), y células mucosas, que actúan como una capa protectora para prevenir cualquier contacto directo con bacterias de la luz intestinal. Los probióticos pueden, por lo tanto, actuar en el nivel de vías de señalización que conducen al aumento de la capa de moco o por la producción de defensinas, así como en las proteínas de unión mejorando su función de barrera fisiológica.

El tercer modo de acción es la modulación de la respuesta inmune. Más del 70 % de las células inmunes se encuentran a nivel intestinal, especialmente en el intestino delgado, formando el tejido linfoide asociado a intestino (GALT). Las placas de Peyer, sitios particulares que ofrecen un centro folicular y cubierto por las células M asociado al epitelio, son un portal de entrada para antígenos. Para la activación de la respuesta inmune es necesario reconocer receptores específicos de las células innatas de inmunidad (células epiteliales, células dendríticas y macrófagos). Estos receptores llamados receptores patrón de reconocimiento (PRR) incluyen principalmente los receptores tipo Toll (TLR). Estos son reconocidos por algunos de los componentes estructurales en la superficie de los microorganismos llamados patrones moleculares microbianos asociados (mAmps) que interaccionan con el epitelio intestinal y estimulan las células del sistema inmune intestinal a nivel de la lámina propia. La consecuencias son la activación de las células T reguladoras y la diferenciación de los linfocitos T helper (Th) e inducir la producción de citoquinas pro- o anti - inflamatorias.

Las bacterias con potencial probiótico, especialmente bacterias lácticas, pueden tener diferentes efectos, dependiendo del perfil de citoquinas a las que den lugar. Los efectos pueden ser locales y limitados a la estimulación de la inmunidad del intestino (estimulación de la producción de IgA secretora, por ejemplo) o algunas cepas probióticas también pueden tener efectos beneficiosos sistémicos.

Las bacterias probióticas pueden actuar, independientemente de su modo de acción, a través de:

- sus estructuras, tales como ADN, peptidoglicano, LPS , flagelina ;
- y/o sus metabolitos (especialmente los ácidos grasos de cadena corta). Su acción puede ser directa, relacionada con su colonización digestiva, o indirecta, porque estas cepas modulan la microbiota, aumentando el inóculo de bacterias con efectos beneficiosos.

2.2.3. Aplicaciones terapéuticas

Los probióticos producen efectos beneficiosos sobre la salud, pero estos efectos sólo se pueden atribuir a los probióticos específicos estudiados para una indicación concreta. Por tanto, no pueden administrarse todos los probióticos para la misma situación, ni todos los probióticos en todas las situaciones. Además, se deben utilizar las dosis de probióticos que nos recomiendan, a dosis más bajas o más elevadas puede ser que no sean efectivas, o podrían ser nocivas.

Con objeto de cumplir estas premisas, deben seguirse de manera estricta las normas de conservación de los productos probióticos, ya que muchos de ellos necesitan una temperatura determinada para mantenerse viables (4 ºC). Actualmente, los productos que existen con probióticos en el mercado pueden clasificarse en 3 tipos:

1. Los suplementos dietéticos o las preparaciones farmacéuticas liofilizadas.
2. Las leches cultivadas y fermentadas, utilizadas como vehículos de bacterias probióticas.
3. Los alimentos fermentados convencionales a los que se les adicionan probióticos y que se consumen, principalmente, con fines nutritivos (yogures, leche, quesos, etc.).

Hoy día, los derivados lácteos constituyen los principales vehículos para el aporte de probióticos ya que, además de las propiedades funcionales de las bacterias inoculadas, son alimentos con gran aceptación en los distintos grupos de población y fáciles de digerir (López Olmeda, 2006).

Sin embargo, el consumo de probióticos puede ser eficaz para prevenir y tratar determinadas enfermedades. Esta gran aplicabilidad terapéutica hace necesario la existencia de formas farmacéuticas que permitan administrar estas bacterias sin necesidad de acompañarlas de alimento. De ahí la relevancia del trabajo realizado en la presente Memoria de Licenciatura.

Por otra parte, los resultados no son generalizables a todos los probióticos. Algunos tienen un efecto definido en determinadas enfermedades digestivas que conllevan una alteración en el equilibrio de la microbiota gastrointestinal, como la diarrea por rotavirus o la asociada con la toma de antibióticos. Sin embargo, su efecto en otros procesos patológicos, como la enfermedad inflamatoria intestinal, el síndrome del intestino irritable, otras formas de diarrea infecciosa o el cáncer, está por determinar. Por otra parte, el uso de probióticos puede ser beneficioso para aliviar los síntomas en pacientes con intolerancia a la lactosa o para prevenir infecciones urogenitales:

A) Probióticos y diarrea:

Los probióticos ejercen un efecto estabilizador en la flora intestinal, por lo que pueden ser útiles para la prevención y el tratamiento de diversas formas de diarrea, se ha demostrado en el caso de *Saccharomyces cerevisiae.* Concretamente, se ha probado el beneficio de algunos probióticos en la diarrea por rotavirus, la asociada con antibióticos, la colitis por *Clostridium difficile* y la diarrea del viajero.

En otros tipos de diarrea infecciosa, su eficacia no ha sido consistente. Respecto a la diarrea por rotavirus, varios estudios han demostrado que ciertos probióticos, como *Lactobacillus reuteri* y *Lactobacillus casei GG* (LGG), disminuyen su intensidad y duración cuando se administran al inicio de la enfermedad. El hecho de acortar la excreción del virus hace, asimismo, que el período de contagio se reduzca, lo que tiene una importante repercusión epidemiológica. Por otra parte, LGG produce un mayor título de anticuerpos IgA que otras cepas, lo que parece que puede conferir inmunidad frente a futuras diarreas infecciosas.

Hasta un 40% de los pacientes hospitalizados tratados con antibióticos presenta cuadros digestivos que oscilan desde una diarrea sin complicaciones hasta una colitis seudomembranosa por *C. difficile.* El uso de antibióticos conlleva una desestabilización de la flora intestinal y logra alterar la integridad de las superficies epiteliales, impide la absorción y el metabolismo de los nutrientes y medicamentos, y compromete la resistencia a diversas infecciones. Los probióticos se han propuesto como una alternativa razonable para minimizar esta alteración. De hecho, varios estudios sugieren que LGG disminuye la frecuencia de la diarrea asociada con la toma de antibióticos y de la colitis seudomembranosa por *C. difficile*, aunque no hay estudios controlados en los que se hayan estudiado los agentes probióticos como tratamiento primario de esta enfermedad. En relación con la diarrea del viajero, estudios realizados con *Saccharomyces boulardii* han demostrado una reducción de su incidencia.

B) Enfermedad inflamatoria intestinal:

La patogenia de esta enfermedad es compleja. Hay una defectuosa regulación, en individuos genéticamente susceptibles, entre la inmunidad de la mucosa intestinal y la microbiota bacteriana. Se ha observado, por ejemplo, que en las heces de los pacientes con enfermedad de Crohn, el número de lactobacilos y bifidobacterias está reducido, en comparación con los pacientes con colitis ulcerosa y los controles. Esto hace pensar que la manipulación de la microbiota bacteriana intestinal puede tener un papel importante en el tratamiento de la enfermedad, de cara a mantener la remisión y prevenir las recurrencias.

Diversos tratamientos para la colitis ulcerosa, en los que se empleó una combinación de probióticos que incluía *Bifidobacterium longum, B. infantis, B. brevis, L. acidophilus, L.casei, L.delbrueckii, L.bulcaricus, L.plantarum, Streptococcous salivaris* y *S.thermophilus,* mostraron que, después de un año, el 80% de los pacientes se encontraba en remisión.

En estudios realizados en animales se ha comprobado que *S. salivaris* impide la progresión de la colitis a la displasia y al cáncer de colon. En humanos, al comparar la eficacia de cepas no patógenas de *Escherichia coli* con el uso de mesalazina, se ha demostrado que tienen una eficacia similar en el mantenimiento de la remisión de la colitis ulcerosa.

C) Intolerancia a la lactosa:

En los pacientes con un déficit de lactasa en la mucosa del intestino delgado, la lactosa de la dieta llega sin digerir al colon donde, por acción de bacterias de la flora colónica, es transformada en agua, gas metano e hidrógeno, lo que da lugar a cuadros de dolor abdominal, flatulencia y diarrea acuosa. Algunos agentes probióticos, como *S. salivaris L. termophilus* y *L. delbrueckii, L. bulgaricus* y una cepa de *L. acidophilus* (BG2F04), producen lactasa y podrían facilitar la digestión de la lactosa después de ser ingeridos oralmente. Sin embargo, en estudios controlados no se ha comprobado que se produzca una mejoría en la absorción de la lactosa tras la ingestión de lactobacilos por vía oral.

D) ***Síndrome de intestino irritable:***

La influencia de la composición de la microflora intestinal en el desarrollo del síndrome de intestino irritable no está clara. Algunos estudios sugieren que la suplementación con agentes probióticos (*L. plantarum, L. casei*) da lugar a una mejoría de los síntomas, fundamentalmente flatulencia y dolor abdominal; sin embargo, las evidencias sobre el beneficio de los probióticos en el tratamiento del síndrome de intestino irritable no han sido concluyentes.

E) ***Infección por Helicobacter pylori:***

Esta bacteria gram negativa, que se adquiere habitualmente en la infancia por transmisión fecal-oral y que coloniza la mucosa del estómago, está implicada en el desarrollo de gastritis crónica, úlcera péptica y cáncer gástrico. El aumento progresivo de resistencias frente a los antibióticos empleados en el tratamiento de su infección compromete el éxito terapéutico. *L. reuteri* posee una proteína en su superficie celular que inhibe la unión de *H. pylori* a los receptores de glucolípidos de membrana, lo que da lugar a una competencia por el receptor que impide la colonización por la bacteria.

F) ***Infecciones urogenitales en la mujer:***

Las infecciones vulvovaginales representan un problema relevante en la salud de la mujer, especialmente cuando la infección es recidivante. Los tratamientos convencionales y las pautas establecidas han variado escasamente en las últimas décadas. Recientemente se han introducido los probióticos como preventivos y coadyuvantes al tratamiento, tanto de administración vaginal como oral, ofreciendo una alternativa innovadora en el abordaje de la enfermedad (Cancelo Hidalgo y col., 2013).

Según algunos estudios, el uso de *L. ramnosus GR-1, L. fermentatum B-54* y *L. reuteri RC-14* disminuye la incidencia de infecciones del tracto urinario, micosis vaginal y vaginosis bacteriana, lo cual ayudaría a mejorar la calidad de vida de las mujeres que presentan este tipo de infección con carácter recidivante.

G) ***Cáncer:***

Algunos estudios han apuntado un posible efecto beneficioso de los probióticos al actuar sobre algunos pasos enzimáticos intermedios de la carcinogénesis.
Al estudiar el efecto de leches fermentadas con *Bifidobacterium infantis, B.bifidum, B.animalis, L.acidophilus y L.paracasei* (LAB) sobre el crecimiento de una línea celular de cáncer de

mama, se ha observado una inhibición de éste; las especies más efectivas son *B.infantis* y *L.acidophilus*. Cabe destacar el hecho de que no se pueda relacionar el efecto antiproliferativo con la presencia de bacterias en la leche fermentada, ni con la leche entera o con alguna de sus principales fracciones (lactalbúmina o betalactoglobulina), ya que son incapaces de afectar al crecimiento celular.

Por ello, se sugiere la presencia de un compuesto soluble producido ex novo por las LAB durante la fermentación de la leche, que posea actividad antiproliferativa y sea útil en la prevención y el tratamiento de tumores como el cáncer de mama (López Olmeda, 2006).

H) Sistema inmunológico:

Los probióticos son también capaces de actuar directamente sobre el sistema inmunitario aumentando tanto la respuesta inespecífica (fagocitosis, actividad de células natural killer), como la específica (producción de anticuerpos, citoquinas y proliferación de linfocitos).

Al respecto, algunos estudios han demostrado que es importante que los mismos sobrevivan después de atravesar el tracto gastrointestinal, para poder expresar así sus propiedades inmunomoduladoras. Las propiedades inmunoestimuladoras de las bacterias lácticas se demostraron mediante el incremento en la producción de inmunoglobulina (Ig A), de citoquinas como interferón gamma (IFNγ), interleuquina IL-12 e IL-10 y del incremento en la actividad fagocítica. Las células epiteliales intestinales (CEI) o enterocitos también pueden ser estimulados por las bacterias lácticas, y así producir citoquinas y quimiocinas, con lo que de esta manera se inicia el diálogo entre CEI y células inmunes asociadas al intestino. Esto indica que las CEI desempeñan un papel crucial en el reconocimiento bacteriano y la inmunomodulación (Mancha Agresti y col., 2012).

I) Hipercolesterolemia:

Las bacterias probióticas y fitoesteroles son agentes hipocolesterolémicos naturales con posibles beneficios cardiovasculares. De acuerdo con ello, se realizó un estudio para evaluar el efecto de la suplementación de probióticos y fitoesteroles solos o en combinación en los perfiles de lípidos en suero y hepáticos y las hormonas del tiroides de ratas con hipercolesterolemia. Los tratamientos probióticos mixtos consistían en 8 cepas probióticas: 2 cepas de *Lactobacillus acidophilus, Lactobacillus casei, Lactobacillus gasseri*, y *Lactobacillus reuteri*. Las ratas fueron alimentadas durante 8 semanas, los tratamientos se administraban en combinación con una dieta basal, alta en grasas y colesterol para inducir hipercolesterolemia. Los resultados mostraron que el colesterol total de la suplementación redujo significativamente en suero el colesterol de baja densidad (LDL-C), colesterol de alta densidad y triglicéridos en comparación con los controles. El tratamiento simbiótico fue más eficaz en la reducción de LDL-C, mientras que el tratamiento probióticos mixtos bajó de manera más eficaz el colesterol sérico total y el LDL-C que el tratamiento que contenía fitoesteroles. En conclusión, el perfil de lípidos se puede reducir efectivamente para reducir la incidencia de enfermedad cardiovascular usando combinaciones de probióticos y fitoesteroles a base de *Lactobacillus* en alimentos funcionales (S.S. Awaisheh y col., 2013).

J) Diabetes:

Puesto que los probióticos pueden desempeñar un papel de interés en el control de hiperlipidemias, y los diabéticos se caracterizan por padecer dislipemia con elevación especialmente de triglicéridos y de las LDL densas, se han realizado algunos estudios de los efectos de algunas cepas en el control de la diabetes tanto de tipo 1 como de tipo 2. Por otra parte, tanto en ratones obesos como en humanos recientemente se han descrito cambios en la microbiota intestinal caracterizados por una elevación de los microorganismos del phylum de los *Bacteroidetes* y una disminución de los correspondientes a los *Firmicutes* (Bäckhed y col., 2005, Turnbaugh y col., 2006) y se ha postulado que la utilización de probióticos puede tener un efecto beneficioso en el control del metabolismo energético en los sujetos obesos (Martín y col., 2008). Asimismo, en un estudio en niños se ha observado que la microbiota de los que desarrollan sobrepeso tiene un mayor número de *Staphylococcus aureus,* por lo que sería interesante aplicar probióticos para ver su posible efecto preventivo o terapéutico en el tratamiento de la obesidad (Kalliomäki y col, 2008). También parece existir un efecto preventivo frente a la obesidad del ácido linoleico conjugado trans-10, cis-12 producido por el *Lactobacillus plantarum* PL62. Este efecto ha sido descrito en ratones a los que se ha administrado el probiótico, reduciéndose el tejido adiposo blanco de diferentes órganos, así como el peso total y los niveles de glucemia (Lee y col., 2007).

K) Aplicación frente a las alergias:

La prevalencia de enfermedades atópicas como el eccema o la rinoconjuntivitis alérgica o el asma, ha aumentado en los últimos años. Estas condiciones están asociadas a citoquinas sintetizadas por los linfocitos T CD4+ que promueven la secreción de IgE. Algunos investigadores han demostrado que los probióticos pueden ser efectivos en la respuesta inmune para prevenir reacciones alérgicas (Isolauri y col., 2000; Young y Huffmans, 2003).

Tabla 2. Beneficios terapéuticos del tratamiento con probióticos.

Patologías en las que los probióticos han demostrado beneficios	**Diarreas víricas**: -tratamiento y prevención. -prevención de diarreas asociadas a antibióticos. **Eccema**
Patologías en las que los datos sugieren beneficios por parte de los probióticos	Alergias alimentarias Enfermedad inflamatoria intestinal Intolerancia a la lactosa Tratamiento de infecciones recidivantes por *Clostridium difficile*
Patologías en las que la terapia con antibióticos han dado resultados prometedores	Rinitis alérgica, asma, trastorno de déficit de atención, autismo, cólicos, prevención de cáncer de colon, fibrosis quística, dislipidemia, hepatopatía, artritis reumatoide, diarrea del viajero/enteritis bacteriana, aumento de la respuesta inmunitaria a vacunas, infecciones del tracto genitourinario.

2.2.4. Bacterias ácido lácticas: *Lactobacillus gasseri.*

Las bacterias lácticas (BL) son un grupo muy heterogéneo de microorganismos ubicuos, que se albergan en nichos ecológicos muy amplios que van desde la superficie de plantas hasta el tracto gastrointestinal de los animales. El grupo de las BL incluye un gran número de cocos y bacilos con un porcentaje de guanina y citosina (G+C) en su genoma inferior al 54%. A pesar de ser un grupo muy heterogéneo, sus miembros tienen características comunes, como por ejemplo ser bacterias Gram positivas, anaerobios facultativos, no forman esporas, ser inmóviles y tener como característica principal la capacidad de metabolizar azúcares e hidratos de carbono convirtiéndolos en ácido láctico. En este grupo se incluyen las especies de *Lactobacillus*, *Lactococcus,* y *Streptococcus thermophilus.*

El hecho de que estas bacterias sean excelentes fermentadoras las convierte en herramientas propicias para la industria alimentaria (quesos, leches fermentadas, panes, vinos, yogurt, carnes, etc.) y además contribuyen a la formación del sabor, a la conservación y a la producción de aditivos o de suplementos. Las BL se asocian a la preservación de alimentos fermentados, proceso que data de 8.000 años a.C. Clasificadas como GRAS (del inglés *generally regarded as safe*) por la Food and Drug Administration de Estados Unidos, las BL pueden diferenciarse en 2 grupos de acuerdo a la naturaleza de los productos formados durante la fermentación de azúcares:

a) las homofermentativas, que producen mayormente ácido láctico y, en menor proporción, compuestos volátiles reducidos.
b) las heterofermentativas, que además de ácido láctico producen cantidades significativas de acetato, etanol y CO_2 a partir de glucosa.

Además de sus importantes propiedades tecnológicas, se demostró que ciertas cepas de BL producen efectos beneficiosos en la salud de los consumidores, actuando en este sentido los microorganismos conocidos como probióticos.

Los probióticos son «microorganismos vivos que, cuando se ingieren en cantidades adecuadas, confieren efectos benéficos al huésped», según la definición conjunta de la Organización Mundial de la Salud y la *Food and Agriculture Organization (FAO)*. Los efectos beneficiosos de los probióticos se relacionan con la modulación de la microbiota intestinal, mediante la regulación del equilibrio existente entre bacterias beneficiosas y dañinas.

Los probióticos son también capaces de actuar directamente sobre el sistema inmunitario aumentando tanto la respuesta inespecífica (fagocitosis, actividad de células natural killer) como la específica (producción de anticuerpos, citoquinas y proliferación de linfocitos). Al respecto, algunos estudios han demostrado que es importante que los mismos sobrevivan después de atravesar el tracto gastrointestinal, para poder expresar así sus propiedades inmunomoduladoras, mientras que otros estudios manifiestan lo contrario. Es importante destacar que no hay un perfil específico de citoquinas producidas por las células inmunes, el cual caracterice a una BL como probiótica.

Las BL probióticas estimulan la producción de diferentes citoquinas en el ámbito intestinal, con lo que se permite al sistema inmunológico estar en un estado de alerta, pero siempre manteniendo la homeostasis y el equilibrio entre citoquinas proinflamatorias y antiinflamatorias (Mancha Agresti y col., 2012).

Lactobacillus gasseri

Lactobacillus gasseri es una bacteria que pertenece al género *Lactobacillus,* por tanto se trata de una bacteria ácido láctica Gram positiva, anaerobia facultativa. Se encuentra de forma natural en la leche materna humana, tiene potencial probiótico y disfruta de la Presunción Cualificada de Seguridad (QPS) admitido por la Autoridad Europea de Seguridad Alimentaria (EFSA).

En contraste a otras bacterias, ésta parece ser adaptada para residir en el tracto digestivo humano y para interactuar con nosotros en simbiosis desde el momento en que nacemos. Además, tiene actividad antiinfecciosa, antiinflamatoria e inmunomoduladora metabólica.

En cuanto al sistema inmune, se ha demostrado que *L.gasseri* aumenta la proporción de células fagocitarias, monocitos y neutrófilos, así como su actividad fagocitaria e induce un aumento en la proporción de linfocitos citolíticos natuales (células NK) y en las concentraciones de IgA.

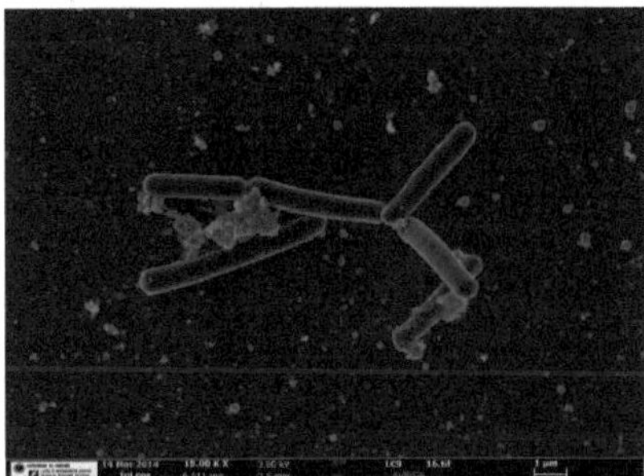

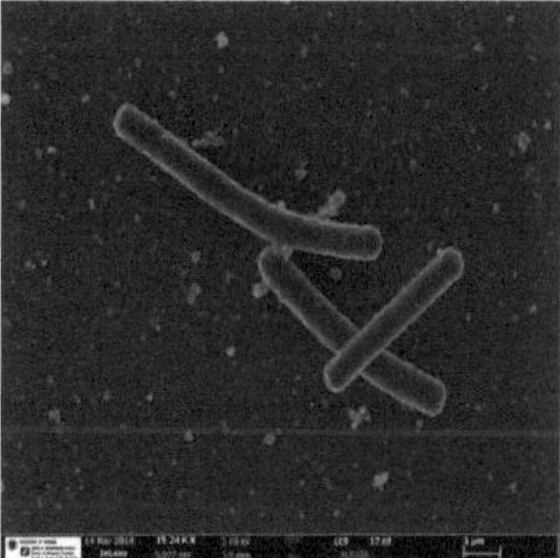

Figura 4. Fotografía del liofilizado de *Lactobacillus gasseri* CECT5714 mediante microscopía SEM.

Los lactobacilos se han considerado la barrera microbiológica primaria a la infección genital por patógenos (Redondo-López y col., 1990). Ejercen una función protectora debido a la producción de ácido láctico formado a partir de los hidratos de carbono presentes en el medio, lo que ayuda a mantener un pH vaginal ácido, entre 4-4,5, lo cuál evita el crecimiento de microorganismos patógenos. *L. gasseri* además de mantener el pH vaginal en equilibrio, produce H_2O_2. Los lactobacilos que producen H_2O_2 son predominantes en el tracto vaginal de mujeres sanas

(Klebanoff y col., 1991), mientras que su ausencia se ha asociado con una mayor prevalencia de infección bacteriana, por lo que es útil para el tratamiento y prevención de vaginitis.
Por otra parte, existen varios estudios, el consumo de *L.gasseri* permite una reducción de la adiposidad abdominal. Un estudio japonés a doble ciego realizado en 201 adultos con adiposidad abdominal durante doce semanas, permitió poner claramente en evidencia que la toma de *L.gasseri* reduce de forma notable el IMC (índice de masa corporal), el contorno de cintura, el contorno de la cadera y la masa grasa abdominal del 8,5 %, mientras que en el grupo control, ninguno de estos parámetros se redujo de manera significativa con relación a la situación inicial. Sin embargo, para que pueda perdurar el efecto, es necesaria su ingestión regular.

Un descubrimiento publicado en la revista *Nature* en 2006, ya había señalado que las poblaciones microbianas del intestino son diferentes en las personas gordas y en las delgadas, y cuando las personas obesas pierden peso, la composición de su microbiota se vuelve idéntica a la observada en las personas que poseen un IMC normal, lo que sugiere que la obesidad podría tener un componente microbiano. Otro estudio efectuado en ratones demostró igualmente que el consumo de *L. gasseri* no solo reduce el peso y la grasa corporal, sino también la tasa de glucosa en el caso de la diabetes tipo 2.

Los ratones se dividieron en tres grupos. El primer grupo recibió una alimentación de sacarosa pero con un complemento de *L.gasseri* durante 10 semanas. Al final del estudio, quedó demostrado que la administración de *L. gasseri*, por una parte, redujo considerablemente el peso del cuerpo y el del tejido adiposo de los ratones que recibieron el complemento y, por otra parte, permitió dar a conocer una actividad antidiabética de tipo 2.

Los adipocitos subcutáneos son la principal fuente de leptina y de adiponectina. La leptina es una hormona adipocitaria que controla el peso mediante la regulación de la ingestión alimentaria y el gasto energético. La concentración de leptina está íntimamente relacionada con el porcentaje de grasa corporal y las tasas séricas más elevadas se encuentran siempre en personas obesas. Según este estudio, la administración de *L. gasseri* suprimió la elevación de la leptina plasmática, lo que sugiere que la reducción de la masa grasa y del peso se asocia a una disminución de la leptina en el suero. En otros estudios se habían observado ya efectos similares.

Y por último, GLUT 4 es uno de los principales transportadores de glucosa en los músculos esqueléticos y el tejido adiposo. Se sabe que un aumento de la expresión del gen GLUT 4 en el tejido adiposo mejora la resistencia a la insulina asociada a la diabetes de tipo 2. En este estudio, *L. gasseri* aumentó de forma significativa la expresión del gen GLUT 4 en el tejido adiposo. Además, la tasa de insulina disminuyó de manera significativa. Sabiendo que en los casos de prediabetes, el aumento de glucosa en la sangre estimula la secreción de insulina y que la hiperinsulinemia va acompañada a menudo de obesidad, el consumo de *L. gasseri* podría permitir la reducción de la resistencia a la insulina y por tanto, mejorar los estados prediabéticos.

Dichos resultados sugieren pues que:

- la acción antiobesidad de *L. gasseri* se puede atribuir al bloqueo de la leptina;
- la actividad antidiabetes de *L. gasseri* puede atribuirse a la elevación de GLUT4 y a niveles reducidos de insulina.

En resumen, el probiótico *L. gasseri* permite reducir el peso corporal y la adiposidad reduciendo los niveles de leptina e insulina, lo que sugiere que puede facilitar el tratamiento del síndrome metabólico.

L.gasseri es un candidato ideal para utilizarlo en el tratamiento y prevención de patologías como la vaginitis o la obesidad. Este es el motivo por el que nos hemos planteado elaborar una forma farmacéutica que garantice su conservación a lo largo del tiempo y una administración adecuada en forma y dosis. Sin embargo, estas BL presentan el inconveniente de tener un mecanismo de autolisis que emplean cuando las condiciones del medio no son favorables para su supervivencia, lo cuál disminuye mucho su viabilidad (Yokoi y col, 2004). Esto puede evitarse mediante la elaboración de micropartículas que protejan al probiótico tanto de las condiciones ambientales como tecnológicas y que permitan su posterior incorporación en una forma farmacéutica, hecho que justifica el objetivo fundamental del trabajo desarrollado.

3. MATERIALES Y MÉTODOS

3.1. MATERIALES

Para la realización de este trabajo de investigación han sido necesarios los siguientes materiales:

A) ALGINATO SÓDICO

El alginato es un polisacárido lineal poliónico e hidrofílico proveniente de algas marinas conformado por dos monómeros en su estructura, el ácido α-L-gulurónico (G) y el ácido β-D-manurónico (M) que se distribuyen en secciones constituyendo homopolímeros tipo G-bloques (-GGG-), M-bloques (-MMM-) o heteropolímeros donde los bloques M y G se alternan (-MGMG-). Este polímero es el elegido para la elaboración de las micropartículas mediante gelificación iónica y ha sido suministrado por Fragon Iberica, S.A.U (Terrasa-Barcelona).

Tanto la distribución de sus monómeros en la cadena polimérica como la carga y volumen de los grupos carboxílicos confieren al gel formado características de flexibilidad o rigidez dependiendo del contenido en G. Si en su estructura polimérica se tiene mayor cantidad de G-bloques, generalmente el gel es fuerte y frágil, mientras que con la presencia de mayor proporción de M-bloques el gel formado se presenta suave y elástico.

El proceso de gelificación ocurre en presencia de cationes multivalentes (excepto el magnesio). La gelificación tiene lugar al producirse una zona de unión entre un G-bloque de una molécula de alginato que se enlaza físicamente a otro G-bloque contenido en otra molécula de alginato a través del ión calcio. La visualización de la estructura física es denominada modelo "caja de huevos" por Draget (2000), mostrada en las figuras 5 y 6.

Entre las sales de alginato más empleadas se han encontrado la sal de sodio debido a su alta solubilidad en agua fría y característica transición sol-gel de forma instantánea e irreversible ante el ión calcio (Funami y col., 2009).

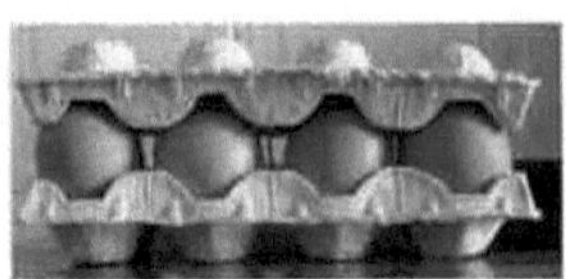

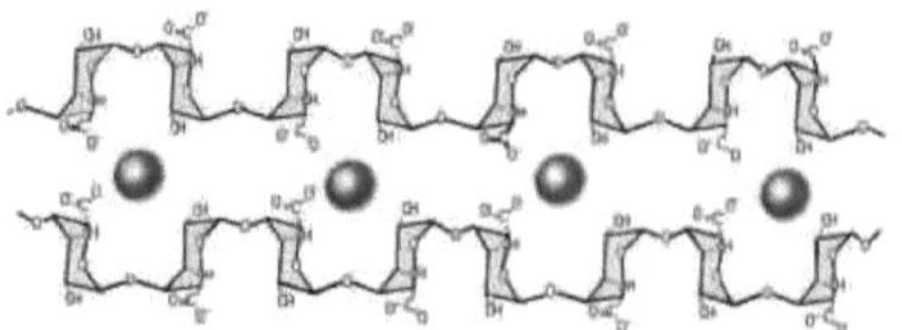

Figura 5. Modelo "caja de huevos". En esta figura los cartones superior e inferior representan las cadenas de polisacárido, mientras que los huevos representan a los átomos de calcio.

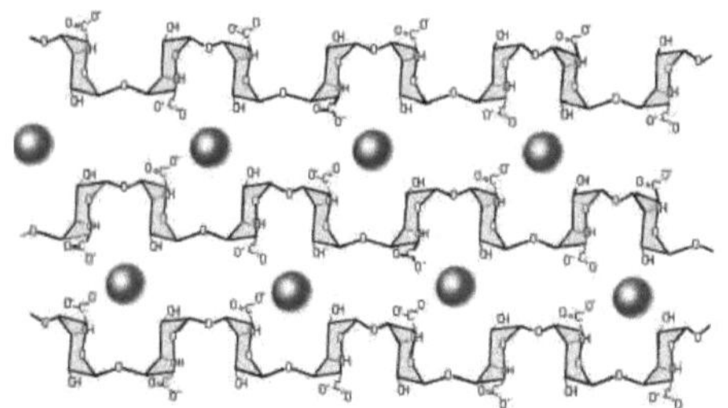

Figura 6. Múltiples cadenas de alginato. Las cadenas de alginato pueden asociarse en forma múltiple, dependiendo de la cantidad de calcio presente, dando más rigidez al gel. Para la formación de estas estructuras de forma ordenada es importante que el calcio se incorpore en ellas lentamente.

B) CLORURO DE CALCIO

El cloruro cálcico o cloruro de calcio es un compuesto químico inorgánico, mineral utilizado como medicamento en enfermedades o afecciones ligadas al exceso o deficiencia de calcio en el organismo. También es usado en la industria de la alimentación.

En la formación de micropartículas vamos a utilizarlo como fuente de calcio que interacciona con el alginato, ha sido suministrado por VWR Prolabo® (Leuven, Bélgica).

C) CARBONATO CÁLCICO

El carbonato cálcico o carbonato de calcio es el producto obtenido por molienda fina o micronización de calizas extremadamente puras, por lo general con más del 98.5% de contenido en $CaCO_3$. Es una sal parcialmente soluble, es decir, es principalmente insoluble en agua pero se solubiliza en medio ácido.

Es utilizado en la industria farmacéutica como excipiente y por sus propiedades farmacológicas. En la formación de micropartículas vamos a emplearlo como fuente de calcio, para endurecer las partículas, confiriéndoles así una mayor estabilidad. Ha sido suministrado por Montplet &

Esteban S.A (Barcelona-Madrid).

D) ACEITE DE SOJA

El aceite de soja es un aceite vegetal que procede del prensado de la soja (*Glycine max*). Este aceite es abundante en ácidos grasos poliinsaturados. Lo vamos a emplear en la síntesis de las micropartículas, dando lugar a la emulsión como paso intermedio en la gelificación iónica. Ha sido suministrado por Guinama (Alboraya, Valencia).

E) SPAN 80

Se trata de un emulgente A/O, también se le conoce como sorbitán monoleato, mono-9-octadecanoato de (Z)-sorbitano y E-494.

Los ésteres de sorbitano son agentes tensioactivos lipofílicos no iónicos, que se emplean como emulgentes en la preparación de emulsiones y pomadas de uso farmacéutico y cosmético. Cuando se utilizan solos, forman emulsiones estables de fase externa oleosa, aunque frecuentemente se emplean en combinación con un polisorbato (Tween) en variedad de proporciones para producir tanto emulsiones de fase externa acuosa como oleosa, con diferentes texturas y consistencias. Ha sido suministrado por Guinama (Alboraya, Valencia).

F) ÁCIDO ACÉTICO GLACIAL

El ácido acético también se conoce como ácido etanoico o metilencarboxílico. Por lo general es un ácido que se encuentra en el vinagre al que le proporciona las características de sabor y olor agrios. De hecho, es un ácido de origen natural que se encuentra en la mayoría de las frutas. Su principal forma de producción es la fermentación bacteriana, debido a esto está presente en todos los productos fermentados.

El ácido acético glacial se refiere al ácido acético anhidro, es decir, sin presencia de agua. Se le da el nombre de glacial ya que cuando el ácido acético se congela tiende a precipitarse dejando el agua en forma de cristales sobre él. Una vez llevado a cabo este proceso, el ácido acético glacial puede ser fácilmente separado del agua, se deja que vuelva a su estado líquido a temperatura ambiente. También se le conoce como anhidro acético y al ser un compuesto orgánico que se deriva del ácido acético se le clasifica dentro de los ácidos carboxílicos.

En la formación de las micropartículas se va a emplear para que de lugar a una disminución del pH del medio, con el fin de que el carbonato cálcico se solubilice y de lugar a la liberación del calcio. Ha sido suministrado por Montplet & Esteban S.A (Barcelona-Madrid).

G) AGUA DE PEPTONA

Medio de enriquecimiento no selectivo, en el cual la peptona proporciona los nutrientes necesarios para el desarrollo microbiano y el cloruro de sodio mantiene el balance osmótico. Lo utilizaremos para hacer las diluciones seriadas de los microorganismos y el lavado de las micropartículas. Ha sido suministrada por Panreac Quimica S.A.U (Barcelona-España).

H) TAMPÓN CITRATO pH 8.5

La composición de este tampón es de 7,35 g de citrato sódico en 200 mL de agua destilada. El citrato sódico fue suministrado por Guinama (Alboraya, Valencia).

I) AGUA

El agua utilizada fue destilada y desionizada en un lecho mixto de intercambio iónico en cuya salida existe un filtro de 0.2 µm (Milli- Q REagent Walter System, Milipore, USA).

J) PLACAS DE PETRI DE MEDIO DE CULTIVO MRS AGAR

Las placas de cultivo MRS Agar han sido suministradas por Oxoid. En concreto, este medio de cultivo utilizado permite un abundante desarrollo de todas las especies de lactobacilos. La peptona y glucosa constituyen la fuente de nitrógeno, carbono y de otros elementos necesarios para el crecimiento bacteriano. El monoleato de sorbitán, magnesio, manganeso y acetato, aportan cofactores y pueden inhibir el desarrollo de algunos microorganismos. El citrato de amonio actúa como agente inhibitorio del crecimiento de bacterias Gram negativas. Lo empleamos para determinar la viabilidad de nuestra bacteria mediante inoculación directa.

3.2. MÉTODOS EXPERIMENTALES

A) AGITADOR ORBITAL

El agitador orbital es un equipo médico utilizado en los laboratorios, clínicas y otros; para la mezcla, la homogeneización y/o preparación de combinaciones de sustancias. El dispositivo utilizado es Biosan, OS-10 orbital shaker, Riga, Letonia.

Figura 7. Agitador orbital.

B) AGITADOR MECÁNICO

En la síntesis de las micropartículas se precisa de agitación continua para la mezcla de los componentes y la formación de la emulsión, esto se consigue por medio de un agitador mecánico. El agitador empleado fue Eurostar power control-visc, IKA®-WERKE, Staufen, Alemania.

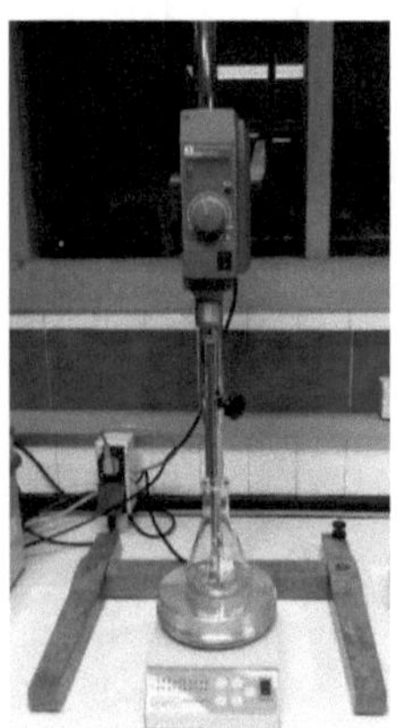

Figura 8. Agitador mecánico.

C) AUTOCLAVE

El autoclave es el modelo Prestige Medical. Se emplea para esterilizar el material y las soluciones, evitando así la contaminación de las micropartículas.

Figura 9. Autoclave.

D) ASA DE SIEMBRA

De plástico, dura y con forma de stick de hockey proporcionada por LaborTecnic (Barcelona, España). Presentadas individualmente en envoltorios estériles; desechables.

E) JARRA Y SOBRE DE ANAEROBIOSIS

Las jarras para anaerobiosis se emplean principalmente para cultivos en placas y han sido suministradas por LaborTecnic (Barcelona, España). La atmósfera anaerobia en el interior de estas jarras se puede conseguir según varios procedimientos, nosotros vamos a usar un sobre de anaerobiosis. Los sobres de anaerobiosis presentan como componente activo el ácido ascórbico. Cada sobre aparece presentado individualmente en un envoltorio sellado, deberá colocarse en la jarra de anaerobiosis junto con las placas a incubar; este sobre absorbe rápidamente el oxígeno atmosférico y simultáneamente produce dióxido de carbono, estando el nivel resultante de dicho gas entre el 9% - 13%.

Tan pronto el sobre de AnaeroGen se expone al aire, la reacción se inicia. Por tanto, es esencial que se coloque en la jarra en menos de un minuto.

Figura 10. Jarra y sobre de anaerobiosis.

F) MÉTODO ANALÍTICO: Cultivo microbiológico y recuento

Un paso previo a la realización de los cultivos microbiológicos, consiste en la liberación de los mismos de las matrices poliméricas en las que se han microencapsulado. Para ello se ponen en contacto con tampón citrato pH 8,5 durante 30 minutos a 300 r.p.m.

Puesto que se trabaja bajo condiciones de esterilidad, todo material usado será esterilizado previamente en autoclave o bien con etanol de 70°.

Las muestras se diluyen en agua de peptona y se siembran en medio MRS agar. A continuación se incuban en una estufa a 37°C durante 48 horas.

Se considerarán aquellas que den un crecimiento bacteriano de entre 10-300 Unidades Formadoras de Colonias (UFC). Todas las muestras se analizan por triplicado.

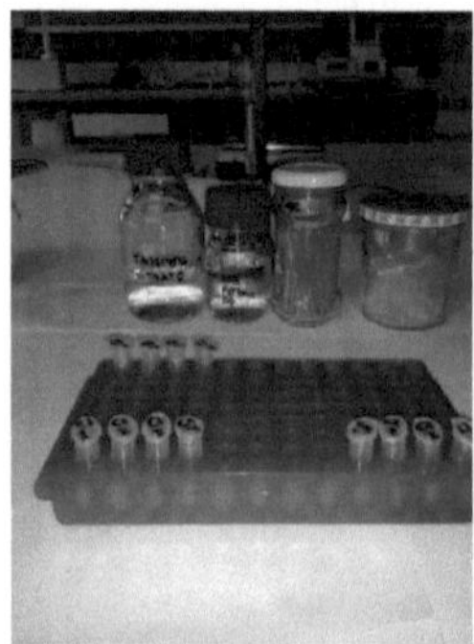

Figura 11. Diluciones seriadas.

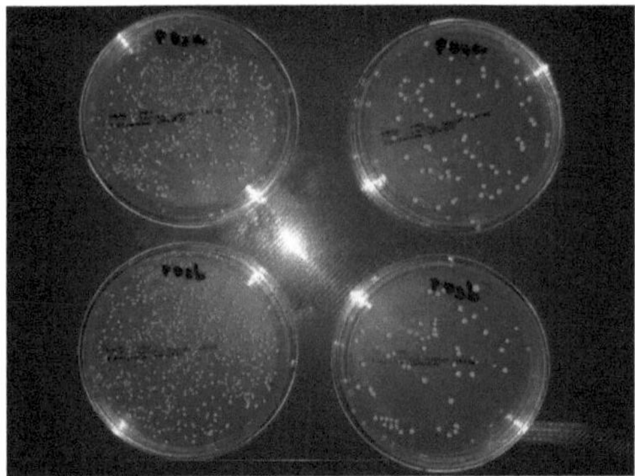

Figura 12. Crecimiento de las colonias en placas petri.

G) MICROSCOPÍA ÓPTICA

La morfología de las micropartículas y el diámetro se determinó mediante microscopía óptica, empleando un microscopio Olympus Bx40, equipado con cámara Olympus SC35.

H) MICROSCOPÍA ELECTRÓNICA DE BARRIDO (SEM)

La caracterización del tamaño y forma de las partículas, así como la determinación de sus características de superficie, se ha realizado, mediante microscopía electrónica de barrido (SEM).

Para poder observar el interior de las micropartículas mediante microscopía electrónica de barrido (SEM), las muestras fueron estabilizadas químicamente por inmersión en glutaraldehído al 2,5% en tampón de cacodilato de sodio 0,05, pH 7,4 durante 2 horas a 4° C y se fijaron posteriormente con 1,0% de tetróxido de osmio durante 1 hora a temperatura ambiente. Las muestras fueron deshidratados con series de 50% y 70% concentraciones de etanol, y se secó con punto crítico dióxido de carbono, usando un Polaron DPC 7501. Las muestras secas se congelaron en nitrógeno líquido y se fracturaron con cuchilla, al azar debido al tamaño microscópico de las partículas (fig. 21).
Las muestras fueron examinadas por microscopio de barrido, Hitachi S-5-10, usando metalización de oro. La técnica se realiza en dos operaciones seguidas, con una orientación angular entre ellas de 30° para mejorar la visualización.

4. RESULTADOS Y DISCUSIÓN

4.1. DISEÑO Y CARACTERIZACIÓN DE LAS MICROPARTÍCULAS

4.1.1. DISEÑO Y SÍNTESIS.

Existen evidencias científicas suficientes para afirmar el efecto beneficioso de los microorganismos probióticos sobre diversas patologías (Dubey y cols., 2008; Hempel y cols, 2012; Tulika y cols., 2013; Serban 2013). Considerando que dichos efectos dependen de la cepa y de la dosis administrada en cada caso, la bacteria utilizada en el presente trabajo de investigación es *Lactobacillus gasseri* CECT5714, un candidato ideal para utilizarlo en el tratamiento y prevención de patologías como la vaginitis o la obesidad. Este es el motivo por el que nos hemos planteado elaborar una forma farmacéutica que garantice su conservación a lo largo del tiempo y una administración adecuada en forma y dosis. Sin embargo, esta cepa se caracteriza por ser especialmente sensible a las condiciones ambientales como oxígeno, pH y temperatura, así como a los procesos tecnológicos, debido a que dispone de un mecanismo de autolisis que emplea cuando las condiciones son hostiles para su supervivencia, lo cual afecta mucho a la viabilidad.

Con la intención de conceder una protección adicional a los microorganismos, éstos han sido microencapsulados. Tras realizar una exhaustiva revisión bibliográfica y en base a la experiencia de nuestro grupo de investigación en la microenpasulación de probióticos, la **síntesis de las micropartículas** se ha llevado a cabo introduciendo algunas modificaciones con respecto a los trabajos desarrollados por nuestro grupo (Martín M.J y col., 2010), con el fin de adaptarlas a nuestras necesidades. En concreto, hemos utilizado la técnica de **emulsificación-gelificación iónica interna** para la microencapsulación de *Lactobacullus gasseri* CECT5714 debido a que algunas de las tecnologías que se han utilizado para la protección de otras sustancias (componentes alimenticios o fármacos), tales como la evaporación del disolvente y/o atomización de las mezclas mediante la extrusión de las mismas a través de un capilar, se han intentado aplicar con las bacterias sin resultados positivos en cuanto a viabilidad y tamaño de partícula.

Las síntesis se han realizado bajo condiciones operativas suaves, que aseguran un alto nivel de supervivencia de las bacterias después de la operación. Y que a su vez permite alcanzar tamaños de partícula convenientes, asegurando la cesión de las bacterias microencapsuladas.

Para la realización de las micropartículas partimos de una solución de alginato sódico al 5 % (P/V), a una temperatura de 37ºC ± 0,5ºC. Esta temperatura se mantuvo constante durante toda la síntesis, así como una agitación mecánica a 700 r.p.m. A esta solución se le añade 1g del probiótico liofilizado bajo agitación continua hasta su completa dispersión. Por último, se añade carbonato cálcico. Esto va a constituir la fase acuosa de la emulsión.

La fase oleosa, formada por aceite de soja y Span 80, se incorpora a la fase acuosa, agitando hasta obtener una emulsión de fase externa oleosa. Finalmente, a la emulsión A/O resultante se le adiciona ácido acético glacial. Este ácido actúa como precursor en la formación de las micropartículas, es decir, inicia la gelificación interna propiamente dicha debido a que solubiliza la sal $CaCO_3$ por la acidificación del medio, permitiendo la liberación de los iones de calcio. Se produce un intercambio de los iones sodio del alginato por los iones calcio presentes en el medio y esto origina la gelificación del polímero presente en las gotículas de agua. De este modo, se forman las micropartículas pregelificadas quedando las bacterias atrapadas en la matriz polimérica.

En todo este proceso las reacciones que se producen son las siguientes:

1. Difusión del ácido acético desde la fase oleosa a la acuosa.

$$CH_3COOH(o) \rightarrow CH3COOH(a)$$

2. El hidrogenión es liberado del ácido acético a la fase acuosa.

$$CH_3COOH \rightarrow H^+ + CH_3COO$$

3. El calcio es liberado por la reacción entre el hidrogenión y la sal insoluble de calcio.

4. El gel de alginato se forma gradualmente a través de la reacción entre el calcio y los residuos de los ácidos gulurónicos de la cadena, formándose la estructura que se conoce como "egg-box".

$$2\ Alg^- + Ca^{+2} \rightarrow Ca\ (Alg)_2$$

Las micropartículas formadas se separan de la emulsión oleosa mediante la incorporación de cloruro cálcico. Esta sal aporta más iones calcio, por lo que contribuye a la consolidación de la estructura tridimensional originada por el polímero y al endurecimiento de las partículas que ofrecen, de este modo, una mayor protección a las bacterias microencapsuladas. De modo que la formulación de partida es la siguiente:

Solución de alginato………………………5% (p/v)
L.gasseri CECT5714……………………...1 g
Carbonato cálcico…………………………0,2 g
Aceite de soja……………………………..100 mL

Span 80..2% (p/v)

Ácido acético glacial...........................0,850 mL

$CaCl_2$...5 % (p/v)

Por último, se centrifugan las micropartículas formadas, se filtran y se lavan con 100 mL de agua de peptona. Una vez lavadas, se analiza la viabilidad de las micropartículas obtenidas y se conservan a 4 ºC. Estas micropartículas han sido denominadas en el presente trabajo como S1.

El análisis de viabilidad muestra un descenso de 0,5 log durante el proceso de síntesis, dadas las características de *Lactobacullus gasseri* en cuanto a estabilidad frente a diversas condiciones ambientales, este resultado se considera un descenso poco significativo y, por tanto, el método de encapsulación propuesto sería adecuado para esta cepa.

4.1.2. CARACTERIZACIÓN DE LAS MICROPARTÍCULAS

4.1.2. a. Morfología y superficie:

La morfología de las micropartículas y el diámetro se determinó mediante microscopía óptica, empleando un microscopio Olympus Bx40, equipado con cámara Olympus SC35 (figura 13).

La figura 13 muestra como la forma de las partículas es esférica y, a diferencia de los datos aportados por otros autores (Zou y col., 2011), no presentan restos de filamentos de polímero, lo cual podría afectar negativamente a la textura y las propiedades de las partículas en la incorporación a productos alimentarios y formas farmacéuticas de administración oral o tópica.

A)

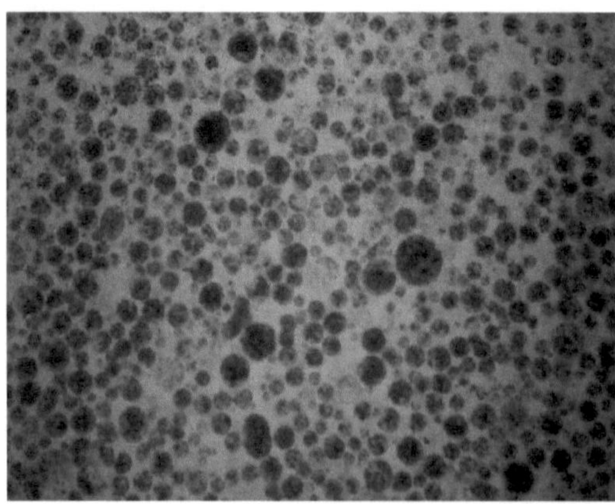

B)

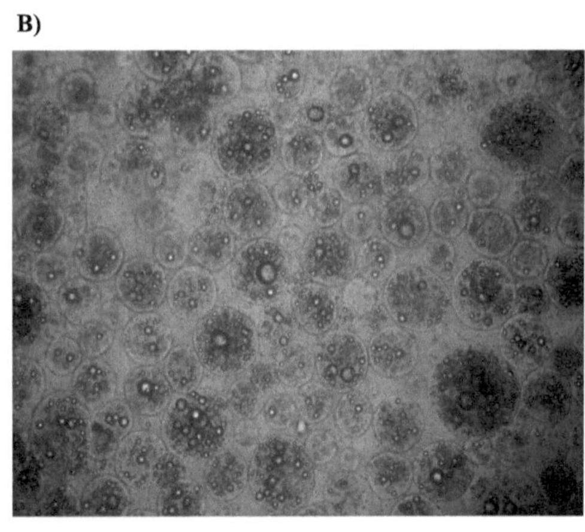

Figura 13. Fotografías de microscopía óptica de las micropartículas S1: A) x4 aumentos, B) x10 aumentos.

A)

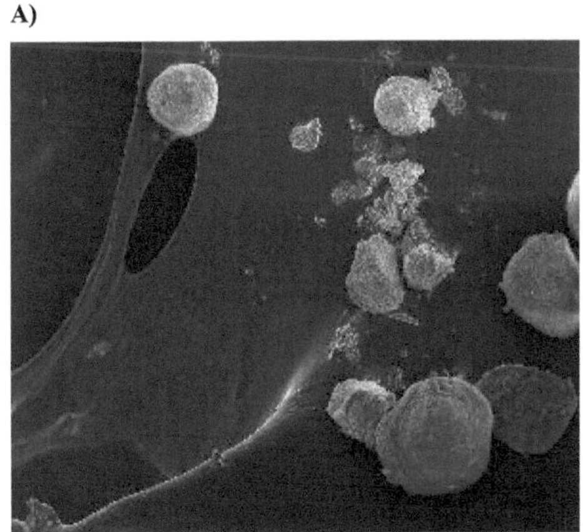

B)

14 Mar 2014
InLens
3.57 K X
27.38 nm
3.00 kV
4.5 mm
LC9 fract.
AURIGA
33.tif
2 µm

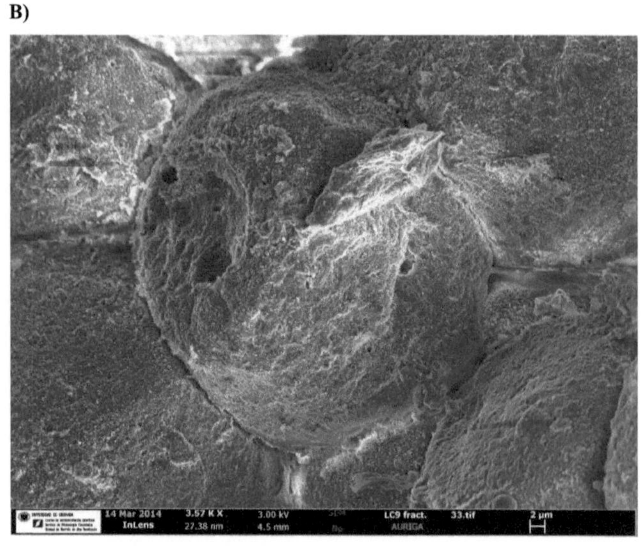

C)

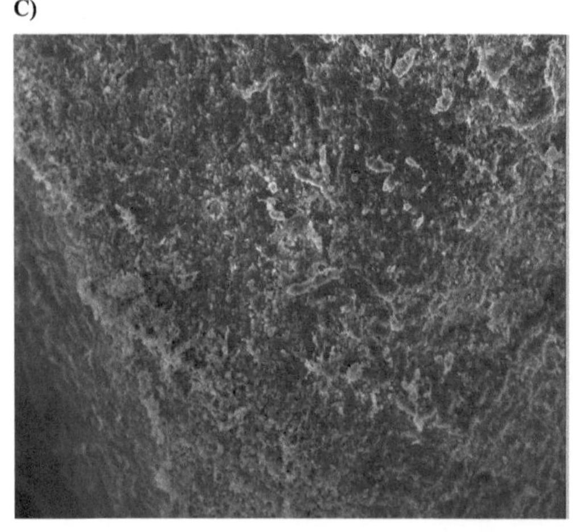

D)

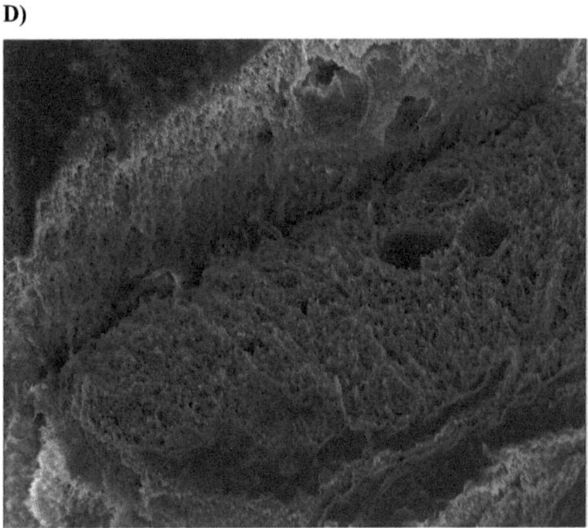

Figura 14. Imágenes SEM de las micropartículas S1: A) Micropartículas, B) Superficie e interior de las micropartículas, C) Superficie de la partícula y D) Sección transversal de la micropartícula.

La ausencia de estos filamentos se debe a que los iones de calcio han difundido y se han intercambiado correctamente con los iones sodio del alginato.

Además, la apariencia interna y externa de las micropartículas fue examinada utilizando imágenes realizadas mediante microscopía electrónica de barrido (SEM), usando un microscopio electrónico de barrido ZEISS DSM 950 operando a 5Kv.

De acuerdo con los datos obtenidos en microscopía óptica, la figura SEM 14.A y 14.B muestran que las micropartículas sintetizadas son microesferas debido a que las partículas están constituidas por una matriz polimérica (fig. 14.B) en la que el probiótico se encuentra altamente disperso. Ha sido posible apreciar el interior de la micropartículas gracias a la utilización de una técnica de criofractura (fig.14.D) que ha permitido microfotografiar una sección transversal de las mimas.
Asimismo, podemos afirmar que la superficie de las microesferas obtenidas se caracteriza por la ausencia de poros (fig. 14.A y 14.C), ofreciendo una mayor protección a las bacterias microencapsuladas.

4.1.2. b. Tamaño de partícula:

El tamaño medio de las micropartículas se determinó a partir de las fotografías obtenidas mediante microscopía óptica, para ello se midió el diámetro de más de 100 partículas a 4 aumentos utilizando un micrómetro calibrado a escala y presentado con una desviación estándar (n-1). Como puede observarse en el histograma (fig.15), el tamaño de partícula está comprendido entre 30-190 µm, considerándose un sistema polidisperso. Aunque el 83% de las partículas se caracterizan por tener un tamaño entre 50-110 µm. Dicho tamaño es adecuado al objetivo planteado en el presente trabajo de investigación, considerando que la finalidad última de las micropartículas es conferir protección a las bacterias en su inclusión en productos alimentarios o farmacéuticos. Los tamaños obtenidos no interfieren con las propiedades organolépticas de tales productos tanto en la palatabilidad en administración oral como en el tacto en administración tópica (Martín y col., 2009).

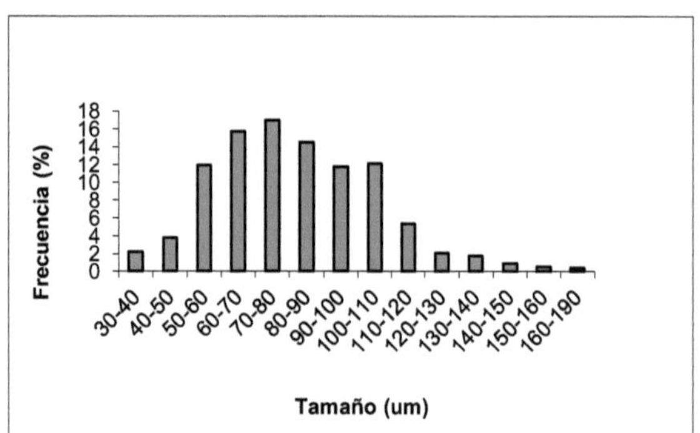

Figura 15. Histograma del tamaño de las micropartículas S1.

4.1.2. c. Estabilidad en el tiempo:

Para el estudio de la estabilidad en el tiempo, se procede al análisis de la supervivencia de los probióticos microencapsulados y conservados a 4 °C. Se ha seleccionado esta temperatura de conservación en base a los trabajos desarrollados previamente por nuestro grupo de investigación en el ámbito de la microencapsulación de probióticos. Estos trabajos han demostrado que las bacterias microencapsuladas y conservadas a temperatura ambiente no son viables, asimismo las conservadas a -18 °C experimentan un descenso de viabilidad mayor que las micropartículas conservadas a 4°C. Este hecho justifica la conservación de las muestras objeto de estudio a dicha temperatura.

El método analítico utilizado ha sido convenientemente descrito en el capítulo 3 "Materiales y métodos". Se trata del recuento de colonias tras cultivar las muestras objeto de estudio en MRS agar e incubarlas durante 48 horas en un ambiente anaerobio a 37ºC.

Tiempo (días)	**UFC/g**	**Log UFC/g**	**Disminución de la viabilidad**
0	$6x10^8$	8,80	-
21	10^6	6,00	2,80
60	$2x10^6$	6,30	2,50

Tabla 3. Supervivencia de *L. gasseri* CECT5714 en las micropartículas S1.

Los resultados de viabilidad en función del tiempo se muestran en la tabla 3. Teniendo en cuenta que partimos de $6x10^8$ UFC/g de micropartículas tras el proceso de síntesis; observamos un descenso en la viabilidad de 2,65 ± 0,2 a partir de los 21 días y este descenso se mantiene tras 60 días (fig.15) de iniciarse el estudio. En estudios de microencapsulación realizados previamente con *Lactobacillus Fermentum* utilizando la misma técnica, se ha conseguido mantener la viabilidad a 4 ºC de las bacterias microencapsuladas. Sin embargo, esto no ocurre con *Lactobacullus gasseri* debido, probablemente, al mecanismo de autolisis que emplea esta cepa cuando las condiciones del medio no son favorables para su supervivencia, lo cual repercute enormemente en su viabilidad (Ken-ji y col., 2004).

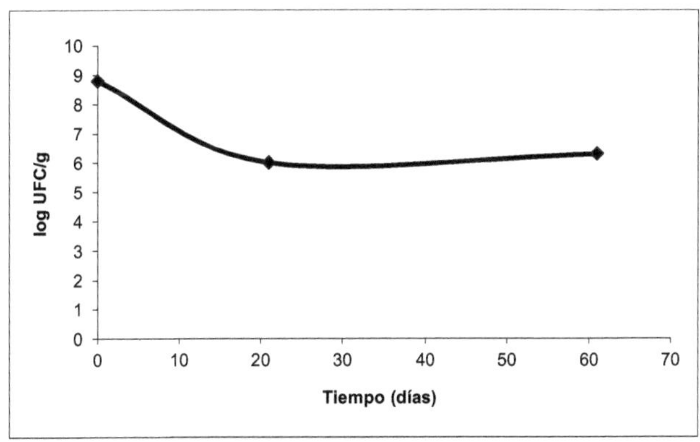

Figura 16. Estabilidad en el tiempo de las micropartículas S1.

4.2. INFLUENCIA DEL CATIÓN CALCIO EN LA ESTABILIDAD Y VIABILIDAD DE LAS MICROPARTÍCULAS

4.2.1. MODIFICACIÓN EN LA SÍNTESIS DE LAS MICROPARTÍCULAS.

Existe una gran variedad de trabajos sobre la microencapsulación de probióticos con alginato sódico (Sheu y Marshall, 1993; Truelstrup Hansen y col., 2002, Martín y col., 2009; Martín y col., 2013). No obstante, existe una gran controversia sobre las condiciones más óptimas a las que llevar a cabo el proceso. De ahí el interés del trabajo propuesto.

Uno de los objetivos del trabajo desarrollado en la presente Memoria, ha consistido estudiar la influencia de distintas concentraciones de $CaCl_2$ en la consolidación final de las micropartículas obtenidas, comprobando si la mayor o menor presencia de cationes calcio en el medio afecta a las micropartículas o a la viabilidad de las bacterias. Para ello, se ha utilizado el procedimiento descrito en el primer apartado de este capítulo añadiendo volúmenes diferentes de la solución de $CaCl_2$ al 5%(p/v):

- Síntesis 1 (S1): 100 mL de la solución de $CaCl_2$ al 5%(p/v).
- Síntesis 2 (S2): 5 mL de la solución de $CaCl_2$ al 5%(p/v).

Los estudios de viabilidad realizados a las micropartículas tras el proceso de síntesis ponen de manifiesto que, en ambos casos, se produce un descenso de 0,5 log en la supervivencia de los microorganismos, lo que demuestra que la concentración de calcio no repercute en la supervivencia de las bacterias durante la síntesis.

4.2.2. CARACTERIZACIÓN DE LAS SÍNTESIS S1 Y S2.

4.2.2. a. Morfología y superficie:

El estudio realizado a las micropartículas mediante microscopía óptica y SEM reveló una morfología esférica (fig. 17. A, fig. 17. B y fig. 18) y una superficie exenta de poros (fig. 19), al igual que en las partículas S1. De este modo las partículas confieren una mayor protección a las bacterias, como hemos dicho anteriormente. De hecho, en la figura 19 se aprecia la presencia de bacterias en la superficie de la partícula, donde se encuentran cubiertas por una fina capa de material polimérico que les confiere la protección que se persigue con la microencapsulación. Por tanto, podemos afirmar que la presencia de distintas cantidades del catión calcio en el medio de síntesis no afecta a la forma ni a la superficie de las micropartículas objeto de estudio.

A)

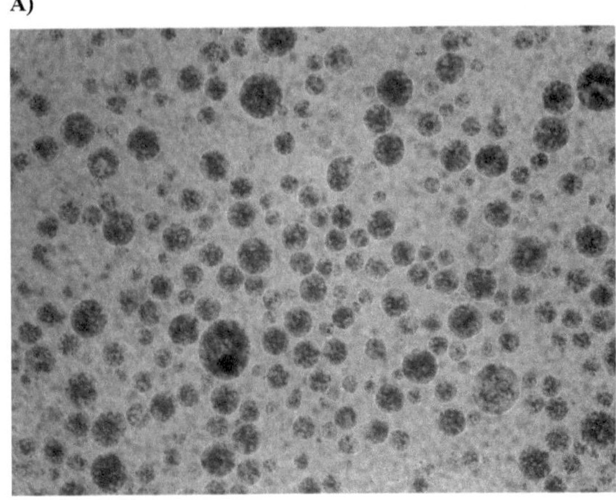

B)

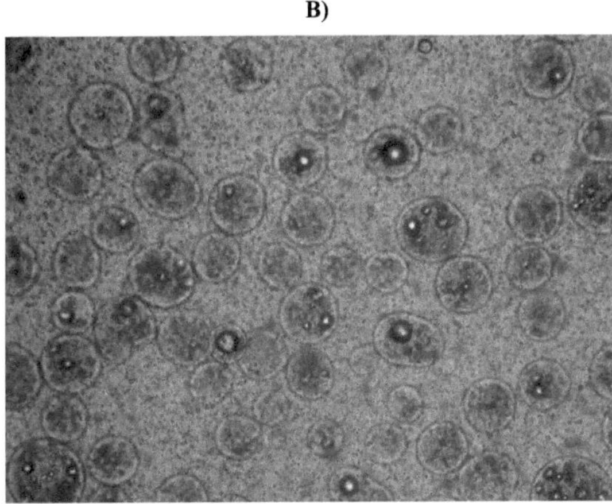

Figura 17. Fotografías de microscopía óptica de las micropartículas S2: A) x4 aumentos, B) x10 aumentos.

Figura 18. Imagen SEM de las micropartículas S2 en la que se aprecia la forma y superficie de la micropartícula.

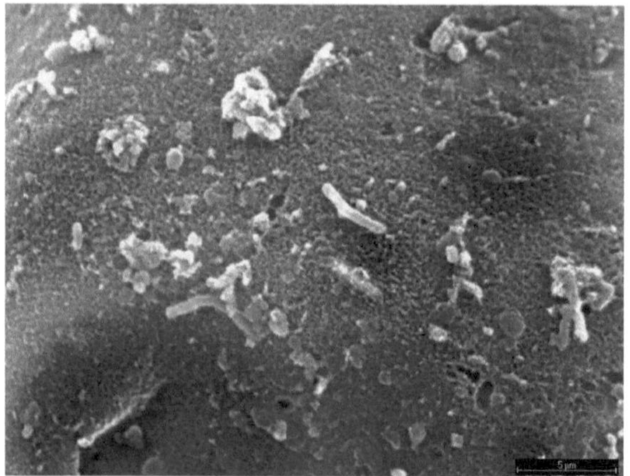

Figura 19. Imagen SEM de la superficie de las micropartículas de S2.

Para poder observar el interior de las micropartículas mediante microscopía electrónica de barrido (SEM), las muestras fueron estabilizadas químicamente, deshidratados con etanol y sometidas a un proceso de secado con dióxido de carbono. Las muestras secas se congelaron en nitrógeno líquido y se fracturaron con cuchilla al azar, debido al tamaño microscópico de las partículas (fig. 20). Este método permitió la visualización de la superficie interna de las micropartículas, así como detalles acerca de las bacterias encapsuladas.

A)

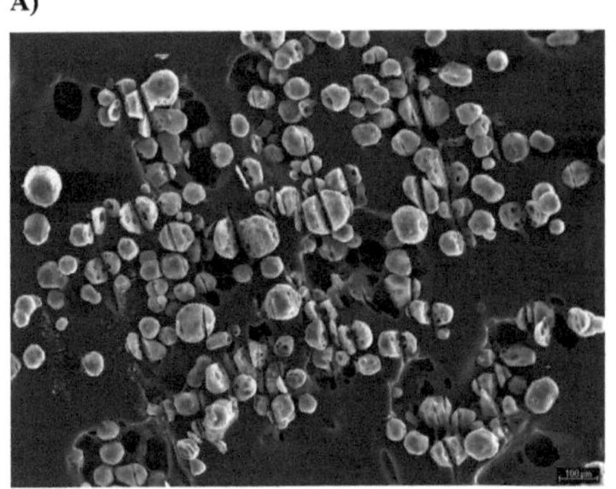

B)

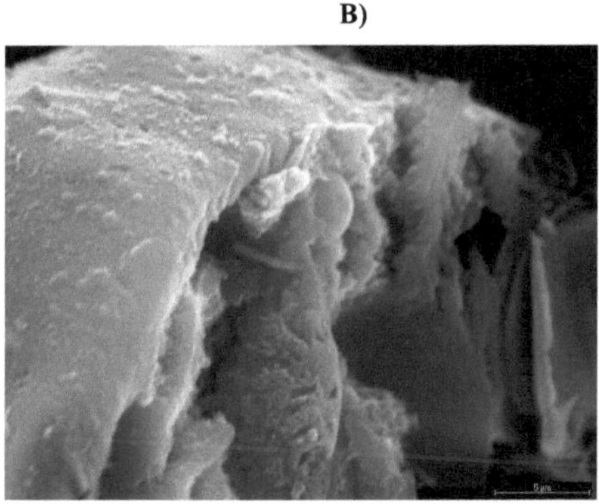

Figura 20. Imágenes SEM de partículas S2 fracturadas: A) 100 μm, B) 5 μm.

Las imágenes obtenidas (fig. 20.A y 20.B) muestran que el interior de las micropartículas se compone de una malla de red tridimensional constituida por las cadenas de alginato, a través del cual se distribuyen las bacterias. Por tanto, se trata de microesferas caracterizadas por una estructura matricial interna a la que da lugar la gelificación iónica. Además, en la figura 20.B se observa la presencia de huecos o cavidades en el seno de dicha matriz. Estos huecos se deben a que la presencia de las bacterias durante la gelificación parece causar cambios locales en el proceso de gelificación con la aparición de estos espacios vacíos, fenómeno también observado en los productos lácteos fermentados. Este fenómeno de formación de cavidades en las matrices poliméricas debido a la presencia de bacterias en el medio ya ha sido documentado por otros autores (Allan-Wojitas y col., 2008; Martín y col., 2013)

4.2.2. b. Tamaño de partícula:

El tamaño de partícula de S2 se encuentra comprendido entre 30-200 µm (fig. 21), presentando una distribución bimodal, con predominio de los tamaños comprendidos entre 50-70 µm, en un 24 %, y entre 80-110 µm, en un porcentaje del 30%.

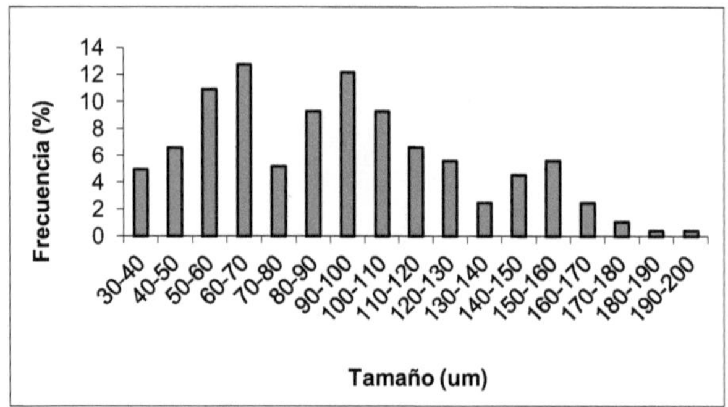

Figura 21. Histograma de tamaño de partícula S2.

4.2.2 .c. Estabilidad en el tiempo:

Al igual que las partículas S1, para el estudio de la estabilidad en el tiempo se procede al análisis de la supervivencia de los probióticos microencapsulados y conservados a una temperatura de 4 ºC. De acuerdo con los resultados de viabilidad obtenidos tras la síntesis, dónde se ha observado que esta disminuye sólo 0,5 log tanto para S1 como para S2, podemos afirmar que los microorganismos han resistido las condiciones requeridas por la técnica de microencapsulación.

No obstante, se produce un descenso de viabilidad transcurridos 9 días a 4 ºC (tablas 3 y 4), pero, en ambos casos, a partir de este momento se mantiene constante durante el tiempo de estudio. Además, la pérdida de viabilidad es mayor para S1, 2,65 ± 0,2, ya que en el caso de S2 esta es de 1,37 ± 0,17 (tabla 4 y fig. 22). Por tanto, la concentración de calcio sí que influye en la viabilidad, obteniéndose mejores resultados en presencia de una menor cantidad de cationes calcio durante la gelificación iónica. Ha sido documentado el hecho de que los monómeros de gulurónico que forman las cadenas de alginato experimentan un mayor grado de compactación cuando hay una mayor presencia de calcio en el medio. Esto da lugar a geles con una mayor compactación interna y, por tanto, a micropartículas más densas (Simpson y col., 2004). En base a los resultados de viabilidad obtenidos, podemos afirmar que las bacterias se conservan mejor en las partículas constituidas por el gel de estructura menos densa.

Tiempo (días)	UFC/g	Log CFU/g	Disminución de la viabilidad
0	$4x10^8$	8,60	-
9	$2,5x10^7$	7,40	1,20
20	$9x10^6$	7,00	1,60
41	$2x10^7$	7,30	1,30
85	$1,6x10^7$	7,20	1,40

Tabla 4. Supervivencia de *L. gasseri* CECT5714 a lo largo del tiempo en la síntesis S2.

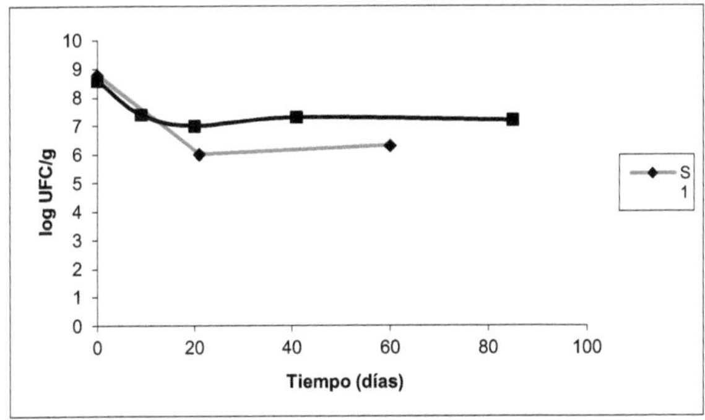

Figura 22. Gráfica del descenso de viabilidad de las síntesis S2 y S3.

5. CONCLUSIONES

El objetivo fundamental de este Trabajo Fin de Máster era el diseño de micropartículas compatibles con el probiótico *L. gasseri* CECT5714. Del trabajo de investigación que se ha llevado a cabo se pueden extraer las siguientes conclusiones:

- De acuerdo con los estudios realizados a las micropartículas, podemos afirmar que tanto el método, gelificación iónica mediante emulsión, como el material polimérico, alginato, utilizados para la microencpasulación de *L. gasseri* son adecuados puesto que sólo se observa un descenso de 0,5 log en la viabilidad de las bacterias tras la síntesis.

- En cuanto a la influencia del catión calcio en el proceso de síntesis de las micropartículas, podemos afirmar que la presencia de distintas cantidades de dicho catión en el medio durante la gelificación iónica no afecta a la forma ni a la superficie de las micropartículas objeto de estudio. Tampoco se aprecian diferencias en los resultados de viabilidad obtenidos tras la síntesis.

- Las micropartículas obtenidas a partir de la menor concentración de cloruro cálcico proporcionan mejores resultados en cuanto a la viabilidad de las bacterias microencapsuladas a lo largo del tiempo, puesto que observamos una disminución de 3 log en la viabilidad de las micropartículas a mayor concentración de calcio y tan sólo 2 log en aquellas obtenidas a la menor concentración de calcio.

6. BIBLIOGRAFÍA

- Agostoni C, Goulet O, Kolacek S, Koletzko B, Moreno L, Puntis J, et al.; ESPGHAN Committee on Nutrition. Fermented infant formulae without live bacteria. J Pediatr Gastroenterol Nutr. 2007; 44(3): 392-397.

- Anal, Anil Kumar and Singh, Harjinder. 2007. Recent advances in microencapsulation of probiotics for industrial applications and targeted delivery. Trends in Food Science & Technology. 18:240-251.

- Awaisheh SS., Khalifeh M., Al-Ruwaili MA., Khalil OM, Al-Ameri OH, Al-Groom R. (2013). Effect of supplementation of probiotics and phytosterols alone or in combination on serum and hepatic lipid profiles and thyroid hormones of hypercholesterolemic rats. Journal of Dairy Science Volume 96, Issue 1, January 2013, Pages 9–15.

- Bäckhed, F., Ley, R.E., Sonnenburg, J.L., Peterson, D.A., Gordon, J.I.(2005). Host-bacterial mutualism in the human intestine.Science, 307: 1915-1920.

- Biffi A, Coradini D, Larsen R, Riva L, Di Fronzo G. Antiproliferative effect of fermented milk on the growth of a human breast cancer cell line. Nutr Cancer. 1997;28:93-9.

- Borgogna, M.; Bellich, B.; Zorzin, L.; Lapasin, R. and Cesàro, A. 2010. Food microencapsulation of bioactive compounds: rheological and thermal characterisation of non-conventional gelling system. Food Chemistry. 122(2):416-423.

- Bryshila P., González C., Maestro A. (2012). Microencapsulación con alginato en alimentos. Técnicas y aplicaciones. Revista Venezolana de Ciencia y Tecnología de Alimentos. 3 (1): 130-151. Enero-Junio, 2012.

-Bujanda L. y Cosme A. (2008). Diarrea asociada a *Clostridium difficile*. Gastroenterología y Hepatología. 2009; 32(1):48–56.

- Butel M.J. (2013). General review. Probiotics, gut microbiota and health. Médecine et maladies infectieuses (2014) 1–8.

- Cancelo MJ., Neyro L., Baquero JL (2013). Tratamiento adyuvante de la vaginitis con probióticos. Grado de acuerdo basado en el método Delphi. Prog Obstet Ginecol. 2014;57(1):4—13.

- Chan, Eng Seng; Lee, Boon Beng; Ravindra, Pogaku and Poncelet, Denis. 2009. Prediction models for shape and size of ca-alginate macrobeads produced through extrusion-dripping method. Journal of Colloid and Interface Science. 338(1):63-72.

- Chan, Lai Wah; Lee, Huey Ying and Heng, Paul W.S. 2006. Mechanisms of external and internal gelation and their impact on the functions of alginate as a coat and delivery system. Carbohydrate Polymers. 63(2):176-187.

- Chen, Kun Nan; Chen, Ming Ju and Lin, Chin Wen. 2006. Optimal combination of the encapsulating materials for probiotic microcapsules and its experimental verification (R1). Journal of Food Engineering. 76(3):313-320.

- Chuah, Ai Mey; Kuroiwa, Takashi; Kobayashi, Isao; Zhang, Xain and Nakajima, Mitsutoshi. 2009.

Preparation of uniformly sized alginate microspheres using the novel combined methods of microchannel emulsification and external gelation. Colloids and Surfaces A: Physicochemical and Engineering Aspects. 351(1-3):9-17.

- Corthesy B, Gaskins HR, Mercenier A. Cross-talk between probiotic bacteria and the host immune system. J Nutr. 2007; 137(3) Supl 2: 781-790.

- Davidson GP, Butler RN: Probiotics in pediatric gastrointestinal disorders. Curr Opin Pediatr 12:477, 2000.

-Desai, Kashappa Goud H. and Park, Hyun Jin. 2005. Recent developments in microencapsulation of food ingredients. Drying Technology. 23(7): 1361-1394.

- de Vos, Paul; Faas, Marijke M.; Spasojevic, Milica and Sikkema, Jan. 2010. Encapsulation for preservation of functionality and targeted delivery of bioactive food components. International Dairy Journal. 20(4): 292-302.

- Draget, K. I. (2000). Alginates. In G. O. Phillips, & P. A. Williams (Eds.), Handbook of hydrocolloids(pp. 379–395). Boca Raton, FL: CRC Press, 379–395.

- Draget, Kurt Iingar; Skjåk-Bræk, Gudmund and Smidsrød, Olav. 1997. Alginate based new materials. International Journal of Biological Macromolecules. 21(1-2):47-55.

- Dubey A., Krishnan R., Chakravarti A., Aggarwal A., Atal B., De Simone C. (2008). W1772 Use of Vsl#3® (a New High Concentration Probiotic Mixture) in the Treatment of Childhood Diarrhea with Specific Reference to Rotavirus Diarrhea. Volume 134, pages A-712.

- Elmer GW, McFarland LV. Biotherapeutic agents in the treatment of infectious diarrhea. Gastroenterol Clin. 2001;30: 837-54.

-European Commission in Concerted Action on Functional Foods Science in Europe. International Life Sciences Institute. Consensus Document. BMJ. 1999; 81: 1S-2S.

- Fang, Zhongxiang and Bhandari, Bhesh. 2010. Encapsulation of polyphenols - a review.

- FAO/OMS. Report on Joint FAO/WHO Working Group on Drafting Guidelines for the evaluation of probiotics in foods. 2002. Disponible en: ftp://ftp.fao.org/es/esn/food/wgreport2.pdf.

- Felley C.P., Corthesy-Theulaz I., Rivero J.L., Sipponene P., Kaufmann B.P., Wiesel P.H., Brassart D., Pfeifer A., Blum A.L. y Michetti P. 2001. Favourable effect of acidified milk (LC-1) on *Helicobacter* gastritis in man. *European Journal of Gastroenterology an Hepatology.* 13 (1): 25-29.

- Floch MH, Binder HJ, Filborn B, Gershengoren W. The effect of bile acids on intestinal microflora. *Am J Clin Nutr* 1972;25: 1418–1426.

- Floch MH, Hung-Curtiss J. Probiotics in functional foods and gastrointestinal disorders. *Curr Treatment Options Gastroenterol* 2002;5: 311–321.

- Funami, Takahiro; Fang, Yapeng; Noda, Sakie; Ishihara, Sayaca; Nakauma, Makoto; Draget Kurt I. Nishinari, Katsuyoshi and Phillips, Glyn O. 2009. Rheological properties of sodium alginate in an aqueous system during gelation in relation to supermolecular structures and Ca2+ binding. Food Hydrocolloids. 23(7):1746-1756.

- Ghosh S, van Heel D, Playford RJ. Probiotics in inflammatory bowel disease: is it all gut flora modulation? *Gut* 2004;53 :620–622.

-Gibbs, Bernard F.; Kermasha, Selim; Alli, Inteaz and Mulligan, Catherine N. 1999.
Encapsulation in the food industry: a review. International Journal of Food Sciences and Nutrition. 50(3):213-224.

- Gouin, Sébastien. 2004. Microencapsulation: industrial appraisal of existing technologies and trends. Trends in Food Science & Technology. 15(7-8):330-347.

- Harmsen HJ, Wildeboer-Veloo AC, Raangs GC, et al: Analysis of intestinal flora development in breastfed and formula-fed infants by using molecular identification and detection methods. J Pediatr Gastroenterol Nutr 30: 61, 2000.

- Hay P. Recurrent bacterial vaginosis. Curr Infect Dis Rep. 2000;2: 506-12.

- Helgerud, Trond; Gåserød, Olav; Fjæreide, Therese; Andersen, Peder O. and Larsen,
Christian K. 2010. Alginates. In Food stabilizers, thickeners and gelling agents. (pp. 50-72). United Kingdom: Wiley Blackwell.

- Helin T, Haahtela S, Haahtela T: No effect of oral treatment with an intestinal bacterial strain, Lactobacillus rhamnosus (ATCC 53103), on birch-pollen allergy: A placebo-controlled double-blind study. Allergy 57:243, 2002.

- Hempel S, Newberry SJ, Maher AR, Wang Z, Miles JN, Shanman R, Johnsen B, Shekelle PG. Probiotics for the precention and treatment of antibiotic-associated diarrhea. A systematic review and meta-analysis. JAMA. 2012;307(18):1959-69 - doi: 10.1001/jama.2012.3507.

- Isolauri E: Dietary modification of atopic disease: Use of probiotics in the prevention of atopic dermatitis. Curr Allergy Asthma Rep 4:270, 2004.

- Isolauri E: Probiotics in the prevention and treatment of allergic disease. Pediatr Allergy Immunol 12(Suppl):56, 2001.

- J.L. Round, S.K. Mazmanian. The gut microbiota shapes intestinal immune responses during health and disease. Nat Rev Immunol, 9 (2009), pp. 313–323.

- Kalliomaki M., Collado, M.C., Salminen, S., Isolauri, E, 2008. Early differences in fecal microbiota composition in children may predict overweight. American Journal of Clinical Nutrition, 87: 534-538.

- Ken-ji Y., Ken-Ichi K., Akira T. Ken-Ichi K. (2004). Characterization of lytic enzyme activities of *Lactobacillus gasseri* with special reference to autolisis. International Journal of Food Microbiology 96 (2004) 273– 279.

- Klebanoff, S.J., Hillier, S.L., Eschenbacnch, D.A y Waltersdorph A.M. (1991). Control of the microbial flora of the vagina by H_2O_2–generating lactobacilli. *J.Infect. Dis.* 164: 94-100.

- Kollaritsch H, Holst H, Grobara P, Wiedermann G. Prevention of travelers diarrhea with *Saccharomyces boulardii*. Results of a placebo controlled double-blind study. Fortschr Med. 1992; 111:152-6.

- Kotzampassi K., Evangelos J. Giamarellos-Bourboulis.(2012). Probiotics for infectious diseases: more drugs, less dietary supplementation International Journal of Antimicrobial Agents 40 (2012) 288– 296.

- Lammers KM, Brigidi P, Vitali B, Gionchetti P, Rizzello F, Caramelli E, et al. Immunomodulatory effects of probiotic bacteria DNA: IL-1 and IL-10 response in human peripheral blood mononuclear cells. FEMS Immunol Med Microbiol. 2003; 38(2): 165-172.

- Larsen CN, Nielsen S, Kaestel P, Brockmann E, Bennedsen M, Christensen HR, et al. Dose-response study of probiotic bacteria *Bifidobacterium animalis* subsp. lactis BB-12 and *Lactobacillus paracasei* subsp. paracasei CRL-341 in healthy young adults. Eur J Clin Nutr. 2006; 60(11): 1.284-1.293.

- Lee, K., Paek, K., Lee, H.Y., Park, J.H., Lee, Y., 2007. Antiobesity effect of trans-10, cis-12-conjugated linoleic acid-producing *Lactobacillus plantarum* PL62 on diet-induced obese mece. Journal of Applied Microbiology, 103:1140-1146.

- López-Hernández, Orestes Darío. 2010. Microencapsulación de sustancias oleosas mediante secado por aspersión. Revista Cubana de Farmacia. 44(3):381-389.

- López C., Santón J., Urbanos C. (2006). Uso potencial de probióticos. FMC. 2006;13(10):622-7.

- Lopretti, M.; Barreiro, F.; Fernandes, I.; Damboriarena, A.; Ottati C. y Olivera A. 2007. Microencapsulación de compuestos de actividad biológica. INNOTEC beads against gastric juice and bile. Journal of Food Protection. 66 (11): 2076-2084.

- Mancha P., Gala-García A., Leblanc JG., de Moreno A., Azevedo V. y Miyoshi A.(2012). Uso potencial de bacterias lácticas como vehículos vacunales. VACUNAS. 2012; 13 (1): 15-20.

- Martin F.P, Wang, Y., Sprenger, N., Yap, I.K., Rezzi, S., Ramadan, Z., Peré-Trepat, E., Rochat, F., Cherbut, C., van Bladeren, P., Fay, L.B., Kochhar, S., Lindon, J.C., Holmes, E., Nicholson, J.K., 2008. Top-down Systems biology integration of condicional prebiotic modulated transgenomic interactions in a humanizad microbiome Mouse model. Molecular Systems Biology, 4:205, doi:10.1038/msb.2008.40.

- Martín MJ., Lara-Villoslada F., Ruiz MA, Morales ME. (2013). Effect of unmodified Storch on viability of alginate-encapsulated *Lactobacillus fermentum* CECT5716. LWT- Food Science and Technology 53 (2013) 480-486.

- Martín MJ., Morales ME., Gallardo V., Ruiz MA. (2009). Técnicas de microencapsulación: una propuesta para microencapsular probióticos. Ars Pharm, 2009, Vol.50 nº1; 43-50.

- Martín MJ., Morales ME., Gálvez P., Clares B., Ruiz MA. (2010). Desarrollo de una técnica para la microencapsulación de probióticos. Ats Pharm 2010; 51. Suplemento 3: 479-484.

- Martín R., Langa S., Reviriego C., Jiménez E., L. Marín M., Olivares M. (2003). The commensalmicroflora ofhuman milk: new perspectives for food bacteriotherapy and probiotics. Trends in Food Science & Technology 15 (2004) 121–127.

- McFarland LV: Biotherapeutic agents for Clostridium difficile associated disease. In Elmer GW, McFarland LV, Surawicz CM (eds): Biotherapeutic Agents and Infectious Diseases. Totowa, NJ, Humana Press, 1999, pp 159-193.

- Mukai T, Asasaka T, Sato E. Inhibition of binding of Helicobacter pylori to the glycolipid receptors by probiotic Lactobacillus reuteri. FENS Inmunol Med Microbiol. 2002;32:105-10.

- Nobaek S, Johansson ML, Ahrne S, Jeppsson B. Alteration of intestinal mcroflora is associated with reduction in abdominal boating and pain in patients with irritable bowel syndrome. Am J Gastroenterol. 2000; 95: 1231-8.

- Olivares M., Díaz-Ropero MA, Gómez N., Lara-Villoslada F.,Saleta S., Maldonado JA. (2005). Oral administration of two probiotic strains, *Lactobacillus gasseri* CECT5714 and *Lactobacillus csoryniformis* CECT5711, enhances the intestinal function of healthy adults. International Journal of Food Microbiology 107 (2006) 104 – 111.

- O. Menard, M.J. Butel, V. Gaboriau-Routhiau, A.J. Waligora-Dupriet. Gnotobiotic mouse immune response induced by *Bifidobacterium* sp. strains isolated from infants. Appl Environ Microbiol, 74 (2008), pp. 660–666.

- Pedroza Islas R. Alimentos microencapsulados: particularidades de los procesos para la microencapsulación de Alimentos para larvas de especies acuícolas. VI Simposium Internacional de Nutrición Acuícola, 2002.

- Pinchuk IV, Bressollier P, Verneuil B. In vitro anti-Helicobacter pylory activity of the probiotic strain *Bacillus subtilis* 3 is due to secretion antibiotics. Antimicrob Agents Chemother. 2001; 45: 3156-61.

- Pineiro M, Stanton C. Probiotic bacteria: legislative frameworkrequirements to evidence basis. J Nutr. 2007; 137(3) Supl 2: 850-853.

- Poncelet, D. 2001. Production of alginate beads by emulsification/internal gelation. In Bioartificial organs III: tissue sourcing immunoisolation and clinical trials. Annals of the New York Academy of Sciences. 944:74-82.

- Redondo-Lopez V, Meriwether C, Schmitt C, Opitz M, Cook R, Sobel JD. Vulvovaginal candidiasis complicating recurrent bacterial vaginosis. Sex Transm Dis. 1990 Jan-Mar; 17(1):51-3.

- Rodriquez-LLimos A.C, Chiappetta D, Szeliga M.E, Fernández A, Bregni C. Micropartículas de alginato conteniendo paracetamol. Ars Pharmaceutica, 44:4; 333-342,2003.

- Ramos-Cormenzana. A, Monteoliva. M, Nader.F (2012). *Probióticos y Salud* (pp. 53-54). Diaz de Santos.

- Rautava S, Kalliomaki M, Isolauri E: Probiotics during pregnancy and breastfeeding might confer immunomodulatory protection against atopic disease in the infant. J Allergy Clin Immunol 109: 119, 2002.

- Reid G, Bruce AW: Urogenital infections in women: Can probiotics help? Postgrad Med J 79: 428, 2003.

- Reid G. Probiotic and prebiotic applications for vaginal health. J AOAC Int. 2012; 95: 31—4.

- Rembacken BJ, Snelling AM, Hawkey PM, et al: Non-pathogenic Escherichia coli versus mesalazine for the treatment of ulcerative colitis: A randomized trial. Lancet 354: 635, 1999.

- Saez, Vivian; Hernández, José Ramón y Peniche, Carlos. 2007. Las microesferas como sistemas de liberación controlada de péptidos y proteínas. Biotecnología Aplicada. 24(2):98-107.

- Saltzman JR, Russel RM, Golner B. A randomized trial of *Lactobacllus acidophilus* BG2F04 to treat lactose intolerance. Am J Clin Nutr. 1999;69: 140-6.

-Serban D. (2014). Gastrointestinal cancers: Influence of gut microbiota, probiotics and prebiotics. Volume 345, Issue 2, 10 April 2014, Pages 258–270.

- Siitonen S, Vapaatalo H, Salminen S, et al: Effect of *Lactobacillus* GG yoghurt in prevention of antibiotic associated diarrhoea. Ann Med 22:57, 1990.

- Surawicz CM, Elmer G, Speelman P, et al: Prevention of antibiotic associated diarrhea by *Saccharomyces boulardii*: A prospective study. Gastroenterology 9:981, 1989.

- Szajewska H, Setty M, Mrukowicz J, Guandalini S. Probiotics in gastrointestinal diseases in children: hard and not-so-hard evidence of efficacy. J Pediatr Gastroenterol Nutr. 2006; 42(5): 454-475.

-Truelstrup Hansen., Allan-Wojtas., Jin., Paulson. Survival of Ca-alginate microencapsulated Bifidobacterium spp. in milk and simulated gastrointestinal conditions. Food Microbiology, 2002, 19, 35-45.

- Tulika A., Satvinder S., Raj K. (2013). Probiotics: Interaction with gut microbiome and antiobesity potential. Volume 29, Issue 4, April 2013, Pages 591-596.

- Turnbaugh, P.J., Ley, R.E, Mahowald, M.A., Magrini, V., Mardis, E.R., Gordon, J.I., 2006. An obesity-associated gut microbiome with increased capacity for energy harvest, Nature, 444: 1027-1031.

- Vila Jato JL. (2008). Tecnología farmacéutiva. Volumen I: Aspectos fundamentales de los sistemas farmacéuticos y operaciones básicas. España. Editorial síntesis S.A.

- Weizman Z, Asli G, Alsheikh A: Effect of a probiotic infant formula on infections in child care centers: Comparison of two probiotic agents. Pediatrics 115:5, 2005.

- Weston S, Halbert A, Richmond P, et al: Effects of probiotics on atopic dermatitis: A randomised controlled trial. Arch Dis Child 90:892, 2005.

- Wollowski I, Rechkemmer G, Pool-Zobel BL: Protective role of probiotics and prebiotics in colon cancer. Am J Clin Nutr73(Suppl):451S, 2001.

- Xiu-dong L, Wei-ting Y, Jun—zhang L, Xiao-jun M, Quan Y. Diffusion of Acetic Acid Across Oil/Water Interface in Emulsification-Internal Gelation Process for Preparation of Alginate Gel Beads. CHEM. RES.CHINESEU. 23(5), 579-584, 2007.

- Yáñez J, Salazar J.A, Chaires L, Jiménez J, Márquez M, Ramos E.G. Aplicaciones biotecnológicas de la microencapsulación. Avance y perspectiva vol.2.

- Weston S, Halbert A, Richmond P, et al: Effects of probiotics on atopic dermatitis: A randomised controlled trial. Arch Dis Child 90:892, 2005.

- Wheeler JG, Shema SJ, Bogle ML, et al: Immune and clinical impact of *Lactobacillus acidophilus* on asthma. Ann Allergy Asthma Immunol 79:229, 1997.

- Xiu-dong L, Wei-ting Y, Jun—zhang L, Xiao-jun M, Quan Y. Diffusion of Acetic Acid Across Oil/Water Interface in Emulsification-Internal Gelation Process for Preparation of Alginate Gel Beads. CHEM. RES.CHINESEU. 23(5), 579-584, 2007.

- Yáñez J, Salazar J.A, Chaires L, Jiménez J, Márquez M, Ramos E.G. Aplicaciones biotecnológicas de la microencapsulación. Avance y perspectiva vol.21.
- Young R.J. y Huffmans S. 2003. Probiotic use in children. *Journal Pediatric Health Care.* 17: 277-283.

Printed by Books on Demand GmbH, Norderstedt / Germany